Krause · Lärmminderung in der Feinwerktechnik

Lärmminderung in der Feinwerktechnik

Herausgeber:
Prof. Dr.-Ing. habil. Werner Krause
VDI/VDE-Gesellschaft
Mikro- und Feinwerktechnik (GMF)

Autoren

Dr.-Ing. Gunter Herklotz
Prof. Dr.-Ing. habil. Werner Krause
Dipl.-Ing. Detlef Schick
Dr.-Ing. Jürgen Thümmler
Dr.-Ing. Reinhard Wandel
Technische Universität Dresden,
Institut für Feinwerktechnik

Die Deutsche Bibliothek – CIP-Einheitsaufnahme

Lärmminderung in der Feinwerktechnik / Hrsg.: Werner Krause.
[Autoren: Gunter Herklotz ...]. – Düsseldorf: VDI-Verl., 1995

ISBN 978-3-540-62161-4   ISBN 978-3-642-48894-8 (eBook)
DOI 10.1007/978-3-642-48894-8

NE: Krause, Werner [Hrsg.]

PC-Satz: Dipl.-Ing. Patrick Janssen, Mülheim a. d. Ruhr

Vorwort

Die ständige Verbesserung der Leistungsfähigkeit und des Gebrauchswertes technischer Erzeugnisse ist eine Grundforderung, die sich aus dem notwendigen volkswirtschaftlichen Wachstum und der allgemeinen technischen Entwicklung ergibt. Dabei stehen heute Leistungsparameter und Anwenderfreundlichkeit gleichberechtigt nebeneinander, und die Qualität eines Erzeugnisses wird an beiden Aspekten gemessen. Beim Beurteilen der Qualitätsmerkmale nimmt die Geräuscherzeugung (Emission) einen festen Platz ein, und es ist zu beobachten, daß ihr Stellenwert in den letzten Jahren ständig wächst. Daraus resultieren verstärkte Bemühungen, einerseits die ingenieurwissenschaftlichen Grundlagen für die technische Lärmminderung weiter auszubauen und andererseits diese Grundlagen konsequenter bereits im konstruktiven Entwicklungsprozeß anzuwenden. Naturgemäß ist diese Tendenz dort besonders ausgeprägt, wo lärmintensive Erzeugnisse entstehen, wie im Maschinen- und Anlagenbau. Davon zeugen zahlreiche Veröffentlichungen über konstruktive Richtlinien und Beispiele, aber auch das Senken der Werte für die zulässige Geräuschemission.

Die Forderung nach Verbessern des Geräuschverhaltens gilt jedoch für die Feinwerktechnik mit ihren im allgemeinen weniger lärmintensiven Erzeugnissen in gleichem Maße. Ihre Erfüllung wird dadurch erschwert, daß die Mehrzahl der bisher durchgeführten Untersuchungen aus anderen Bereichen der Technik stammen und sich die entsprechenden Ergebnisse nicht ohne weiteres auf die Feinwerktechnik mit ihren spezifischen Merkmalen bezüglich geometrischer Abmessungen, Werkstoffeinsatz sowie technologischer und ökonomischer Randbedingungen übertragen lassen. Außerdem erweist sich das Fehlen zusammengefaßter konstruktiver Regeln und Beispiele als nachteilig.

Ziel dieses Buches ist es, wesentliche Erkenntnisse aus der technischen und Maschinenakustik, der Meßtechnik und weiteren für die Lärmminderung relevanten Wissensgebieten in einer für den Ingenieur geeigneten Form aufzubereiten und ihre Anwendung an Hand von Beispielen zu demonstrieren. Diesem Anliegen entsprechen bereits die einleitenden Betrachtungen zum Entstehen und Beeinflussen von Geräuschen. Ein weiterer Abschnitt ist dem Gewinnen und Interpretieren von Meßergebnissen gewidmet, denn die Geräuschentstehung läßt sich auf Grund der Vielfalt der Einflußfaktoren und der Komplexität zu betrachtender Geräte nur zu einem geringen Teil theoretisch erfassen. Deshalb sind die richtige Auswahl der Meßmethoden und das Gewinnen aussagekräftiger Meßergebnisse von wesentlicher Bedeutung für eine effektive Arbeit.

Die Hauptabschnitte des Buches enthalten dann Regeln und Richtlinien für die praktische Anwendung konstruktiver Maßnahmen zur Lärmminderung sowie ihre Demonstration an ausgewählten Beispielen. Dazu wurde eine Auswahl getroffen, die einerseits typisch für die Feinwerktechnik ist und andererseits eine Verallgemeinerung gestattet. Die zugrunde gelegte Systematik ermöglicht dem Konstrukteur, sowohl von der abstrahierten Problemstellung als auch von der konkreten Aufgabe abgeleitet, schnell und zielgerichtet die erforderlichen Hinweise zur Lösung zu finden.

Abschließend werden Empfehlungen zum Berücksichtigen der Lärmminderung bereits in den Phasen der konstruktiven Entwicklung der Erzeugnisse angeführt, die eine Orientierungshilfe für die zweckmäßige Wahl der Arbeitsschritte geben, sowie ein ausführliches Beispiel behandelt.

Insgesamt wird der Stoff so vermittelt, daß der Leser keine speziellen Vorkenntnisse benötigt. Damit eignet sich dieses Buch auch sehr rationell zur eigenen Weiterbildung und zur Unterstützung der Ausbildung für Studenten.

Bei der Konzipierung des Inhaltes konnten Veröffentlichungen berücksichtigt werden, die in der zurückliegenden Zeit in der Zeitschrift "Feingerätetechnik" erschienen sind. Aus eigenen Forschungsarbeiten abgeleitet, waren darin eine Reihe von Erkenntnissen zur Geräuschentstehung und Lärmminderung in feinwerktechnischen Produkten dargestellt. Die große Resonanz und positive Einschätzungen durch Fachkollegen in der Industrie sowie von Universitäten und Hochschulen gaben den Anstoß zu dieser vorliegenden Gesamtdarstellung.

Allen Mitverfassern sowie den Herren Dr.-Ing. H. LAURUSCHKAT, Dr.-Ing. W. SCHIRMER und Prof. Dr.-Ing. W. WÖHLE, die durch wertvolle Anregungen zur Gestaltung des Inhaltes beigetragen haben, danke ich herzlich. Mein Dank gilt vor allem aber dem VDI-Verlag und besonders den Lektoren Obering. M. NEUMANN und Herrn S. BINDER für die vertrauensvolle Zusammenarbeit bei der Vorbereitung und Herausgabe dieses Buches.

Dresden, im Dezember 1994   WERNER KRAUSE

Inhalt

Formelzeichen und Abkürzungen

A	Amplitude; Fläche, Strahlerfläche in m^2
B	Biegesteife einer Platte in $N \cdot m$, eines Stabes in $N \cdot m^2$
D	Durchmesser in mm
D_e	Einfügungsdämm-Maß in dB
E	Elastizitätsmodul in N/mm^2
F, F_R	Kraft, Reibkraft in N
G	Gleitmodul in N/mm^2; Gerät
I	Impuls in $N \cdot s$; Schallintensität in W/m^2
K	Stoßfaktor
L	Pegel (allgemein) in dB
L_N	Lautstärkepegel in phon
L_W	Schalleistungspegel in dB
L_{WA}	A-Schalleistungspegel in dB
L_a	Beschleunigungspegel in dB
L_p	Schalldruckpegel in dB
L_{pA}	A-Schalldruckpegel in dB
L_{pAI}	AI-Schalldruckpegel in dB
L_{pAS}	AS-Schalldruckpegel in dB
L_v	Schallschnellepegel (Luftschall-Schnellepegel) in dB
L_{vs}	Schnellepegel (Körperschall-Schnellepegel) in dB
M	Moment in $N \cdot m$; Motor
P	Schalleistung in W
P_0	Bezugsschalleistung in W (10^{-12} W)
R	Radius in mm; Schalldämm-Maß in dB
S	Schwerpunkt
T	Nachhallzeit, Periodendauer in s; Übertragungsfunktion
W	Energie in $W \cdot s$ oder $N \cdot m$
$Z = p/v$	Impedanz (Feldimpedanz) in $N \cdot s/m^3$
Z_0	Kennimpedanz in $N \cdot s/m^3$
$z = F/v_s$	mechanische Impedanz in $N \cdot s/m$
a	Beschleunigung in m/s^2; Dämpfung in dB
a, b, c	Abmessungen in mm oder m
c	Ausbreitungs-, Schallgeschwindigkeit in m/s; Federsteife, Steifigkeit in N/m
d	Dicke, Durchmesser in mm
f	Frequenz in Hz
f_R	Ringdehnungsfrequenz in Hz

f_d	Bezugsfrequenz in Hz
f_g	Grenzfrequenz in Hz
f_n, f_0	Eigenfrequenz, Resonanzfrequenz in Hz
g	Fallbeschleunigung in m/s^2
$h = 1/z$	Admittanz (siehe Impedanz z); Dicke in mm
k	Dämpfungskonstante
l	Länge in mm oder m
m	Masse in kg
m'	flächen- oder längenspezifische Masse in kg/m^2 oder kg/m
m, n	Laufvariable
n	Nachgiebigkeit in m/N; Drehzahl in U·min^{-1}
n_f	Anzahl der federnden Windungen
p	Schalldruck in Pa
p_0	Bezugsschalldruck in Pa (20 μPa)
q, q'	Öffnungsanteil, Lochflächenanteil in %
r	Meßabstand, Radius der Meßfläche in m
s	Dicke in mm
t	Zeit in s
v	Geschwindigkeit, Schallschnelle (Schwinggeschwindigkeit der Luftteilchen) in m/s
v_s	Schnelle (Schwinggeschwindigkeit in Struktur, Körper) in m/s
x	Durchbiegung in mm; Strecke, Weg in mm
x, y	Faktor
$'$	Wert nach erfolgter Maßnahme; spezifischer Wert
Δ	Differenz
Ξ	längenspezifische Strömungsresistanz in Rayl/cm oder N·s/m^4
X	Strukturfaktor poröser Materialien
α	Schallabsorptionsgrad
η	Verlustfaktor
ϑ	Winkel, Einfallswinkel in Grad
ε	Dehnung, Abweichung des Schwerpunktes (Unwucht) in mm
λ	Wellenlänge in m
ν	Querkontraktionszahl
μ	Poissonsche Konstante ($\mu = 1/\nu$)
ξ	Auslenkung, Schwingweg in mm; Frequenzverhältnis f/f_d
ϱ	Dichte in g/cm^3
σ	Absorptionsgrad; Abstrahlgrad
τ	Zeitdauer, Stoßdauer in s
ω	Kreisfrequenz, Winkelgeschwindigkeit in s^{-1}

Indizes

A	Absorber
B	Biegung
D	Dipolstrahler
I	Impuls
K	Kapsel
L	längs; longitudinal; Loch
M	Monopolstrahler
Ö	Öffnung
Okt	Oktav
Q	Quelle
S	Spektrum
St	Stoß
T	Transformation
Terz	Terz
a	Beschleunigung
dyn	dynamisch
e	Eingang; erzwungen
el	elastisch
eq	energieäquivalent
err	Erreger
g	Grenz-
ges	gesamt
i	Laufvariable
irrev	irreversibel
k	kinetisch; Koinzidenz
m	Mittelwert
max	maximal
min	minimal
n	Laufvariable
opt	optimal
rev	reversibel
rot	Rotation
s	Befestigungspunkt, Schwerpunkt, Stoß, Struktur
stat	statisch
ü	Übertragung
vs	Schnelle in Struktur, Körper
w	Werkstoff
z	Zuschlagsfaktor

ν	Laufvariable
0,o	Anfangswert; Bezugsgröße; Leerlauf; Resonanz

Schreibweisen für zeitabhängige Größen

p	Augenblickswert $p(t)$
$\hat{p}$	Amplitude, Spitzenwert
$\tilde{p}$	Effektivwert (quadratischer Mittelwert)
$\tilde{\tilde{v}}$	zeitlicher und räumlicher quadratischer Mittelwert

$$p(t) = \hat{p}\cdot\cos(\omega\cdot t + \varphi) = \mathbf{Re}\left\{\mathbf{p} \cdot \mathbf{e}^{\mathrm{j}\cdot\omega\cdot t}\right\},$$ wobei $\mathbf{p}$ eine komplexe Größe darstellt.

► Alle komplexen Größen (z, h, p, v usw.) werden als solche im Text *nicht* gesondert gekennzeichnet, jedoch deren Betrag, z. B. $|z|$.

1. Lärmminderung als Qualitätsparameter

Das Erhalten und Fördern der Gesundheit der Menschen und die ständige Verbesserung ihrer Arbeits- und Lebensbedingungen ist eines der Grundanliegen einer modernen Industriegesellschaft. Dazu gehört auch der Schutz vor Lärm. Das betrifft sowohl das Begrenzen und Überwachen seiner Einwirkung auf den Menschen (Immission) als auch das Minimieren des Lärms technischer Erzeugnisse (Emission). Geräte, Maschinen und Anlagen sind demnach so zu konzipieren, konstruktiv zu entwickeln und zu fertigen, daß bei ihrem Betrieb die Lärmerzeugung auf ein Mindestmaß beschränkt bleibt. Diese Forderung und die Maßnahmen zu ihrer Erfüllung werden in gesetzlichen Grundlagen [1 bis 3] weiter präzisiert. Sie legen die Verantwortlichkeit des Herstellers zur Sicherung einer minimalen Geräuschemission fest, wobei die Orientierung am wissenschaftlich-technischen Höchststand zu erfolgen hat, der sich in den Bestwerten für die Emission ausdrückt.

Diese gesetzlichen Grundlagen zum Einbeziehen der Lärmminderung in alle Arbeitsstufen von der konstruktiven Entwicklung bis zur Fertigung gelten besonders für feinwerktechnische Produkte, da diese in wachsendem Maße in unmittelbarer Kommunikation mit dem Menschen stehen [4, 5], sowohl im Arbeitsprozeß als auch im gesellschaftlichen Leben und im privaten Bereich, z. B. im Haushalt. Allerdings erreicht ihre Lärmemission im allgemeinen keine gesundheitsschädigenden Werte (T a b e l l e 1 - 1). Das führte in den zurückliegenden Jahren vielfach zu der Schlußfolgerung, die Lärmminderung sei in der Feinwerktechnik z. B. im Vergleich zum Maschinen-, Anlagen- oder Fahrzeugbau von untergeordneter Bedeutung. Dadurch wurde diesem Problem in Forschung und Entwicklung zu wenig Aufmerksamkeit geschenkt, wenn man von vereinzelten Lösungen für spezielle Baugruppen (z. B. Klinkenschrittgetriebe, B i l d 1 - 1) oder für ausgewählte Geräte (z. B. "geräuschlose" Schreibmaschine, B i l d 1 - 2) absieht. Aus diesem Grund ist bei lärmintensiven Erzeugnisgruppen ein Nachholbedarf entstanden, den es in kürzester Zeit zu decken gilt.

Neben der genannten, in erster Linie aus dem Gesundheits- und Arbeitsschutz abgeleiteten und gesetzlich fixierten Notwendigkeit, die Geräuschemission zu minimieren, lassen sich aber noch weitere Faktoren nennen, die diese Forderung untermauern. So erhält z. B. die Geräuscharmut zunehmende Bedeutung als Qualitätsparameter, der bei Geräten mit annähernd gleichen funktionellen Eigenschaften häufig ein ausschlaggebendes Verkaufsargument darstellt. In vielen Fällen wird sie sogar höher bewertet als ein ausgewählter Leistungskennwert, den in der Regel ohnehin nur ein kleiner Teil der Nutzer ausschöpfen kann. So ist zum Beispiel die Steigerung der maximalen Schreibfrequenz bei elektronischen Schreib-

Tabelle 1-1. Schalldruckpegel ausgewählter feinwerktechnischer Erzeugnisse
              (gemessen am Bedienplatz) und ihre Wirkung auf den Menschen;
              vgl. auch Bild 2-1.

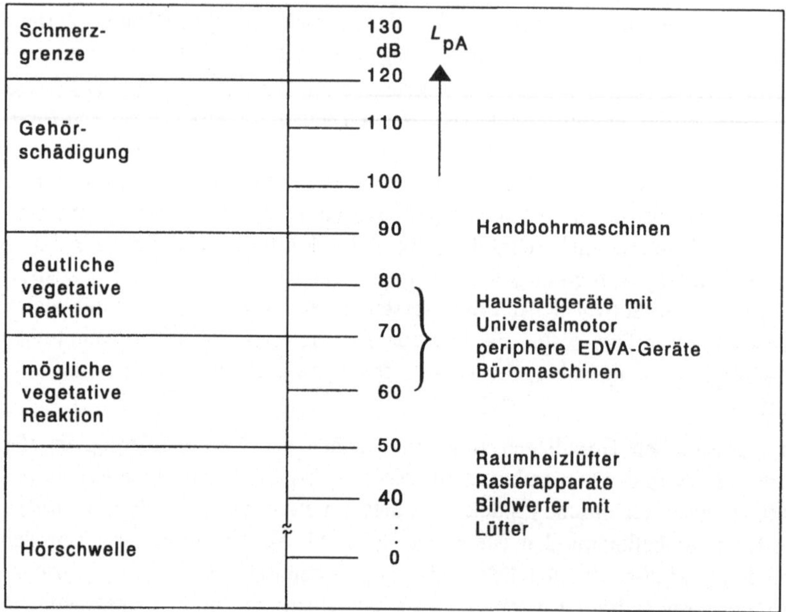

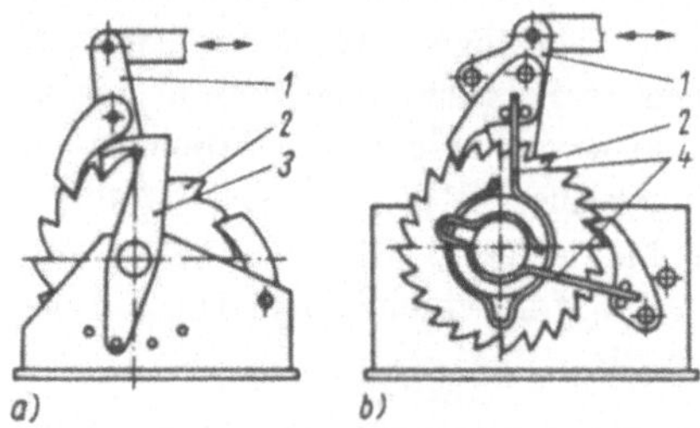

Bild 1-1. Klinkenschrittgetriebe [16].
a) lärmintensiv (starke Geräusche beim Abgleiten der Klinken auf der Verzahnung).

1 Antrieb; 2 Sperrad; 3 Schritteinstellhebel.

b) lärmarm (Klinken werden bei Relativbewegung entgegen der Transportrichtung durch die
Schleiffeder 4 aus der Sperrverzahnung 2 gehoben).

1 Antrieb.

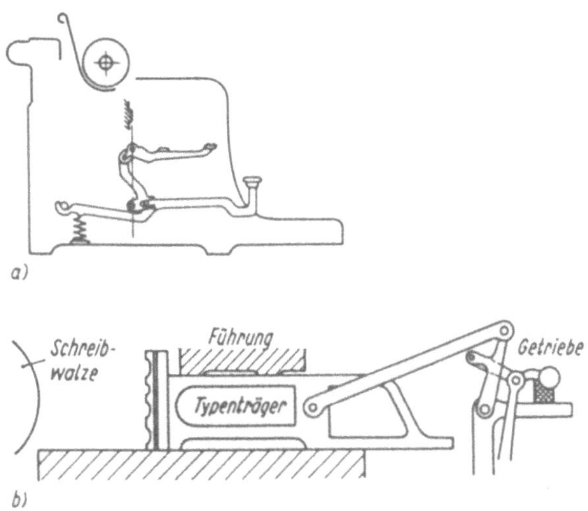

Bild 1-2. Typenhebelgetriebe.
a) bei herkömmlicher mechanischer Schreibmaschine; b) Prinzip einer "geräuschlosen" Schreibmaschine (Ersatz des schlagenden Typenhebels durch einen druckenden Typenträger [13]).

maschinen über 15 Hz hinaus zwar als Erhöhung der Leistungsfähigkeit zu werten, aber nur von wenigen Schreibkräften zu nutzen. Ein Senken des Geräuschpegels dagegen wird generell deutlich spürbar. Überhaupt liegt in der sofortigen und für jeden Nutzer unabhängig von seiner Qualifikation oder von seiner technischen Vorbildung gegebenen Wahrnehmbarkeit der Geräuschemission die Ursache für den hohen Stellenwert. Im Gegensatz dazu lassen sich verschiedene Leistungsparameter nur unvollkommen oder erst nach längerer Nutzung beurteilen (z. B. Saugleistung bei Staubsaugern oder Mahlgutmenge bei Schlag- oder Mahlwerkmühlen). Vielfach muß nicht nur die Geräuscharmut schlechthin, sondern sogar der Geräuschcharakter in die Bewertung einbezogen werden [6]. Er resultiert aus den Frequenz- und Amplitudenverhältnissen des Spektrums (Bandbreite und Frequenz einzelner Geräuschanteile, Vorhandensein dominierender Anteile usw.). B i l d 1 - 3 zeigt die Geräuschspektren zweier gleichartiger Geräte (Luftduschen mit annähernd gleicher Leistung), die sich sowohl im Schalldruckpegel als auch im Geräuschcharakter erheblich unterscheiden.

Mit dem Charakter des Geräusches werden mehr oder weniger unbewußt noch weitere Parameter, z. B. Zuverlässigkeit oder Lebensdauer, in Verbindung gebracht. Dies führt bis zu den Kategorien "solide Ausführung" oder "Billiggerät" allein an Hand des subjektiven Geräuscheindrucks.

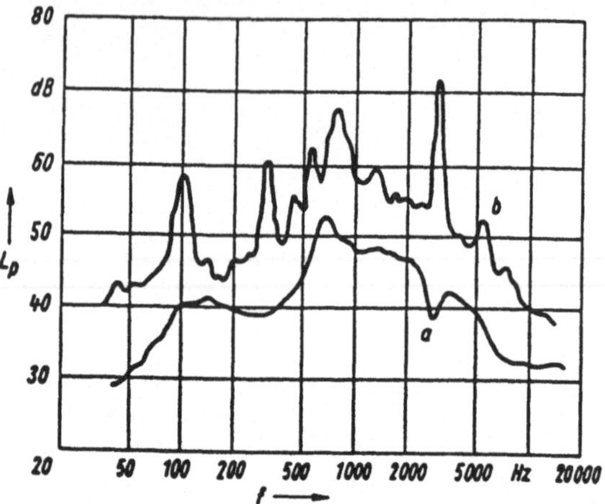

Bild 1-3. Geräuschspektren von Luftduschen.
a) mit Spaltpolmotor (angenehmer Geräuschcharakter); b) mit Universalmotor (ausgeprägte tonale Komponente bei etwa 3 kHz, unangenehm).

L_p Schalldruckpegel; f Frequenz.

Das Beachten des Qualitätsparameters Geräuschemission ist also letztlich über die Verkaufsfähigkeit als ökonomischer Faktor wirksam. Das gilt für feinwerktechnische Produkte mit hohen Stückzahlen und vor allem für Konsumgüter in besonderem Maße. Wenn Erzeugnisse in produktiven Bereichen genutzt werden, kommt noch die Steigerung der Produktivität aufgrund besserer Arbeitsbedingungen hinzu. Lärmminderung ist aber meist mit erhöhtem Aufwand verbunden, so daß bei hohen Erzeugnisstückzahlen sorgfältig zwischen Gebrauchswerterhöhung durch Geräuscharmut und den ökonomischen Möglichkeiten optimiert werden muß. Das läßt sich nur dann erreichen, wenn die Belange der Lärmminderung in der Phase der konstruktiven Entwicklung zum frühestmöglichen Zeitpunkt berücksichtigt werden (T a b e l l e 1 - 2). Bei den sich ständig verkürzenden Entwicklungszeiten und den damit zwangsläufig verbundenen Risikoentscheidungen über Werkzeugbestellung, Werkzeugfreigabe usw. sind nachträglich notwendige Änderungen wegen zu hoher Geräuschemission nicht nur sehr kosten- und zeitaufwendig, sondern meist auch weniger wirkungsvoll als rechtzeitig eingeleitete Maßnahmen. Daraus wird deutlich, daß es nicht möglich ist, die akustisch und ökonomisch optimale Lösung allein im Rahmen einer einzelnen Konstruktionsaufgabe zu finden. Vielmehr müssen langfristige technische Entwicklungskonzeptionen für jeweilige Erzeugnisklassen erarbeitet werden.

Tabelle 1-2. Einbeziehung der Lärmminderung in den konstruktiven Entwicklungsprozeß (KEP); vgl. auch VDI-Richtlinie 2221 [13, 15, 16].

Arbeitsabschnitte	Arbeitsergebnisse	Schwerpunkte der Lärmminderung	Bemerkungen
Aufgabe 1 Klären und Präzisieren der Aufgabenstellung 2 Ermittlung von Funktionen und deren Strukturen	Anforderungsliste (Pflichtenheft)	Festlegen eines Zielwertes der Geräuschemission unter Berücksichtigung technischer und ökonomischer Restriktionen	Orientierung an Normen, Schutzgüterichtlinien, Vorschriften und besonders am Weltstandsvergleich
3 Suchen nach Lösungsprinzipien und deren Strukturen 4 Gliedern in realisierbare Module	Funktionsstruktur Prinzipielle Lösung Modulare Struktur	Auswahl des optimalen Verfahrensprinzips unter Beachtung akustischer Gesichtspunkte; Einbeziehen von Grundregeln der Lärmminderung beim Erarbeiten der Funktionsstruktur	Nutzung von Erfahrungen bei vergleichbaren Geräten und Baugruppen; Literaturstudium zu grundsätzlichen Problemen der Lärmminderung
5 Gestalten der maßgebenden Module 6 Gestalten des gesamten Produktes 7 Ausarbeitung der Ausführungs- und Nutzungsangaben Weitere Realisierung	Vorentwürfe Gesamtentwurf Produktdokumentation	Einarbeiten von Regeln und Richtlinien der Lärmminderung, Dimensionierung von Baugruppen und -elementen unter Verwendung akustischer Abschätz- und Berechnungsverfahren; meßtechnische Untersuchungen	Auswertung von ausgewählten Beispielen zur Lärmminderung, Literaturstudium zu Detailfragen bei der geräuschgünstigen Dimensionierung; rechnerischer Variantenvergleich; Konsultation von Erfahrungsträgern, Nutzung von Kooperationsleistungen bei Messungen

Daß ein konsequentes Berücksichtigen der Lärmminderung in der Feinwerktechnik notwendig ist, läßt sich durch weitere Gesichtspunkte erhärten, die von den sich abzeichnenden Tendenzen ausgehen. An erster Stelle ist dabei der Einfluß der Mikroelektronik zu nennen, der sich unter anderem in den in Tabelle 1-3 genannten Merkmalen äußert. Das Ablösen mechanischer durch elektronische

Tabelle 1-3. Einige Entwicklungstendenzen in der Feinwerktechnik [13, 15, 16, 46].

– Realisierung der informationsverarbeitenden Baugruppen der Erzeugnisse mit mikroelektronischen Bausteinen (z. B. auch Ersatz von Kurvenscheiben, Nocken usw. durch elektronische Speicher). Durch die damit gegebene Programmierbarkeit der Gerätefunktionen steigen Flexibilität, Universalität und Funktionsumfang sowie der Automatisierungsgrad.

– Realisierung der Baugruppen an der Geräteperipherie (Ein- und Ausgabe, Datenträgertransport, Steuerung von Bewegungsabläufen usw.) mit leistungsfähigen und zunehmend stärker miniaturisierten mechanischen und elektromechanischen Bauelementen (hochübersetzende Getriebe, wie Harmonic drive, Schrittmotoren, lagegeregelte Gleichstromkleinstmotoren).

– Übergang von traditionellen analogen zu digitalen Verarbeitungsprinzipien (z. B. digitale Ton- und Bildübertragung).

– Funktionenintegration, d. h., immer mehr Funktionselemente werden zu einer (vielfach nichtreparierbaren) Einheit integriert (z. B. in der Mikroelektronik, der Optik bzw. Optoelektronik, der Antriebstechnik, der Meß- oder Sensortechnik).

– Selbstdiagnose, d. h., im Zusammenhang mit der Programmierbarkeit steigen die Möglichkeiten, daß Erzeugnisse Funktionsabweichungen bzw. Ausfälle selbst erkennen und beseitigen.

– Übergang von zentralen zu dezentralen Antriebssystemen innerhalb eines Erzeugnisses (z. B. drei bis vier speziell angepaßte Kleinstmotoren in einer Schreibmaschine oder Kamera).

– Einführung neuer Gerätegenerationen in immer kürzeren Zeiträumen (z. B. bei Rechenanlagen derzeit im Abstand von etwa 4 Jahren, bei Automatisierungsanlagen nur von 3 bis 3,5 Jahren).

– Ansteigen der Softwarekosten im Vergleich zu den Hardwarekosten (z. B. bei EDV-Anlagen der 1. Generation 10 %, bei EDV-Anlagen der 3. Generation bis zu 80 %).

Baugruppen (Bild 1-4) bringt einerseits bezüglich der Geräusche erhebliche Vorteile. Andererseits läßt es aber den Widerspruch zwischen geräuschloser Elektronik und der vor allem an der Geräteperipherie weiterhin in großem Umfang notwendigen, leistungsfähigen und vielfach durch zunehmend höhere Arbeitsgeschwindigkeiten gekennzeichneten Mechanik und Elektromechanik um so deutlicher hervortreten. Als klassisches Beispiel dafür kann das Fernschreibgerät genannt werden.

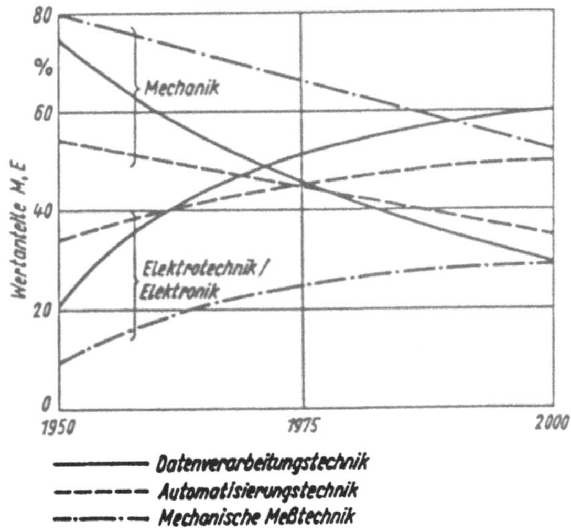

Bild 1-4. Ablösung mechanischer durch elektronische Baugruppen in der Feinwerktechnik.

Prozentuale Veränderungen der Wertanteile von Mechanik (M) und Elektrotechnik/Elektronik (E) [13].

Während vor einigen Jahren in einem solchen Gerät der gesamte Prozeß der Informationsverarbeitung noch nahezu ausschließlich mit mechanischen und elektromechanischen Baugruppen realisiert wurde (B i l d 1 - 5 a), sind diese heute auf Typenabdruck und Papiervorschub reduziert (Bild 1-5b). Damit wurden die Geräusche beträchtlich vermindert, gleichzeitig aber auch die Bestrebungen verstärkt, besonders die in Form des mechanischen Druckers noch verbliebene und damit umso deutlicher ins Blick- oder besser "Hörfeld" gerückte Geräuschquelle zu beseitigen. Lösungen dafür konnten in Gestalt zum Beispiel des Thermo-, Tintenstrahl- oder Laserdruckers gefunden werden.

Diese neuen, nicht zuletzt wiederum durch die Mikroelektronik initiierten Technologien eröffnen aber über die hier als Beispiel erwähnte Drucktechnik hinaus in vielen Branchen neue Möglichkeiten für eine lärmarme Technik (T a b e l l e 1 - 4).

Auch die Tendenz zum Verringern der Masse durch Leichtbau und bessere Materialökonomie stellt erhöhte Anforderungen, da leichte Bauteile bei gleichen geräuschverursachenden Betriebskräften stärker zum Schwingen und damit zum Schallabstrahlen angeregt werden als schwere. Schließlich sei noch ein Aspekt genannt, der die Notwendigkeit der Lärmminderung im engeren Sinne als Schwingungsminderung unterstreicht, jedoch auf bestimmte Gerätekategorien beschränkt bleibt, z. B. technologische Spezialausrüstungen zur Herstellung hochintegrierter

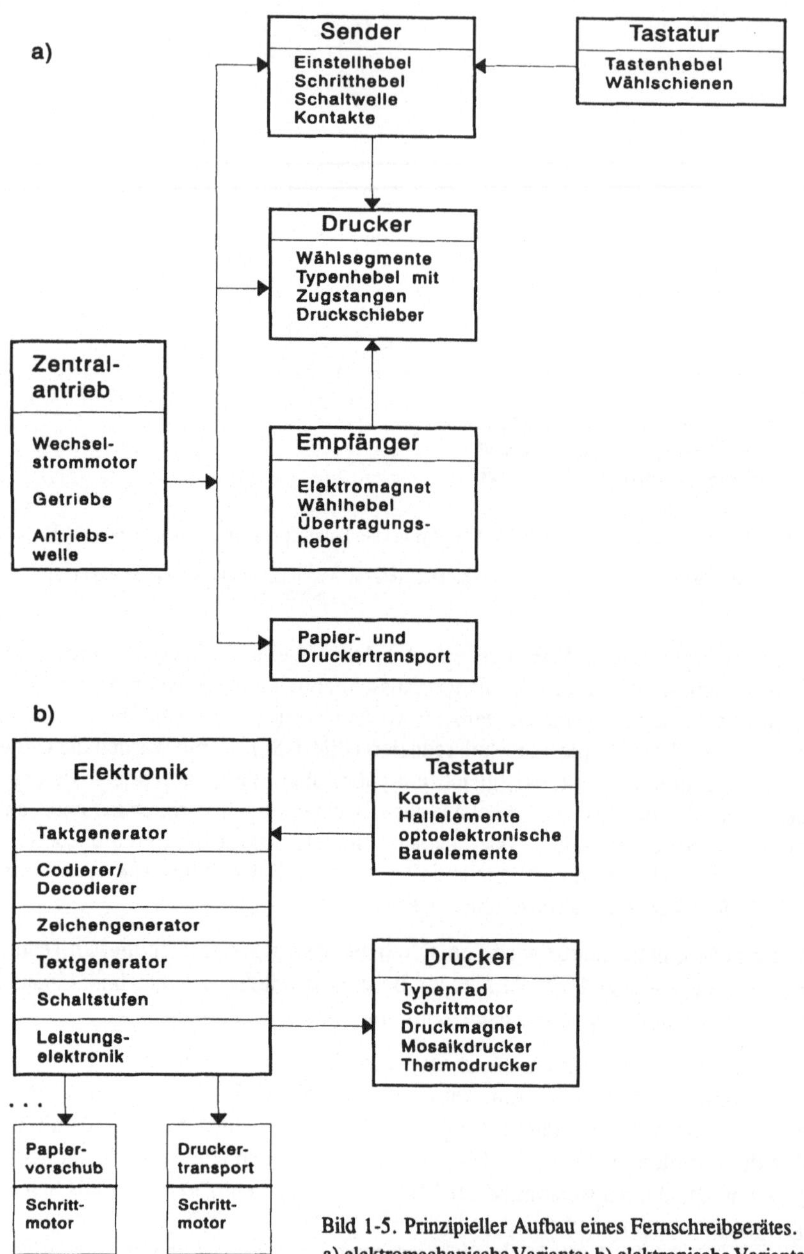

Bild 1-5. Prinzipieller Aufbau eines Fernschreibgerätes.
a) elektromechanische Variante; b) elektronische Variante.

mikroelektronischer Bauelemente. Bei diesen Ausrüstungen interessiert weniger das Geräusch in Form des abgestrahlten Luftschalles als vielmehr der Körperschall, der bei den erforderlichen hohen Positioniergenauigkeiten im Mikrometer- oder sogar Submikrometerbereich durch störende Schwingungen bemerkbar wird. Auch hier sind Maßnahmen erforderlich, die Geräusche zu vermindern, allerdings in erster Linie zur Sicherung der Funktion.

Tabelle 1-4. Zukunftsträchtige Technologien für Feinwerktechnik und Fertigungstechnik [13]; siehe auch Tabelle 6-6.

zukunftsträchtige Technologien	Anwendungsbeispiele
Elektronenstrahlen	Elektronenstrahl-Lithographie
Laserstrahlen	Holographie Lichtquelle Drucker Isotopentrennung
Nuklearstrahlen	Medizintechnik
Infrarotstrahlen	Nachtsichttechnik
Glasfasern	Signalleiter Lichtleiter
Piezoelektrizität	Sender, Wandler, Schwinger, Filter Tasten
Flüssigkristalle	Anzeigenbausteine
Ultraschall	Sonographie
Photolithographie	Mikromechanik Planartechnik Ver- und Entspiegelungstechnik
Vakuumbeschichten	Oxydationstechnik

Spiegelt man diese Situation und die gesamte Palette der Forderungen am derzeitigen Erkenntnisstand, so läßt sich feststellen, daß gesicherte Richtlinien zur Entwicklung geräuscharmer Produkte früher nicht in ausreichendem Maße erarbeitet wurden. Das betrifft sowohl detaillierte Baugruppenuntersuchungen als auch grundsätzliche Betrachtungen zu ingenieurwissenschaftlichen und methodischen

Grundlagen. Erst Anfang der siebziger Jahre erschienen Arbeiten zum letztgenannten Problemkreis in größerem Umfang, die allerdings ihren Ursprung im Maschinenbau haben. Die Maschinenakustik entwickelte sich als Synthese aus Maschinendynamik und technischer Akustik mit dem Ziel, die physikalischen und technischen Zusammenhänge beim Entstehen der Geräusche näher zu untersuchen und die Ergebnisse für den Konstrukteur aufzubereiten. Im VDI-Handbuch Lärmminderung [9] sowie in [6, 8] wurde eine Zusammenfassung bisheriger Arbeiten vorgelegt und damit ein wertvoller Beitrag zum Verbreiten von wissenschaftlichen Erkenntnissen zur Lärmminderung geleistet. Jedoch bedarf es einer Weiterführung besonders im Fachgebiet Feinwerktechnik unter Beachtung der hier vorliegenden Besonderheiten. Diese betreffen die geometrischen Abmessungen und die im Verhältnis dazu oft großen Toleranzen, das gesamte Spektrum der eingesetzten Werkstoffe sowie die speziellen Verfahren der Massenfertigung und nicht zuletzt die zum Teil erheblich anders gearteten Geräuschursachen. Deshalb sind die inzwischen in großer Anzahl vorliegenden Beispiele für lärmmindernde Maßnahmen im Maschinenbau nicht ohne weiteres auf die Feinwerktechnik übertragbar.

Es darf auch nicht übersehen werden, daß dem in der Praxis tätigen Ingenieur häufig die notwendigen Kenntnisse der technischen Akustik fehlen. An vielen Beispielen ist bewiesen, daß diese aber unbedingte Voraussetzung für ein systematisches Vorgehen und vor allem für das Verständnis der einschlägigen Standardwerke sind [6 bis 12]. Eine entsprechende Ausbildung mit Akzentuierung auf die Belange der Konstruktion (T a b e l l e 1 - 5) ist in den bisherigen Studienplänen an Universitäten, Hoch- und Fachhochschulen jedoch nur ungenügend verankert.

Die VDI-Kommission Lärmminderung bemüht sich deshalb, mit stärkerem Bezug auf den Maschinenbau, durch intensive Richtlinienarbeit [9] sowie mittels Lehrgängen einen Ausgleich zu schaffen. In [13] wurde außerdem erstmals der Versuch unternommen, im Rahmen einer geschlossenen Darstellung der Baugruppen- und Gerätekonstruktion für den elektronischen, feinmechanischen und optischen Gerätebau die Lärmminderung zu berücksichtigen. Dem Gesamtanliegen dieses Werkes entsprechend mußte dabei eine Konzentration auf die wichtigsten Grundlagen erfolgen. Aus diesem Grund werden im vorliegenden Buch, ausgehend von einer zusammenfassenden Darstellung physikalisch-technischer Grundlagen zum Entstehen und Ausbreiten von Geräuschen, in ausführlicherer Form Grundkenntnisse zur Lärmmeßpraxis sowie zur Lärmminderung bei feinwerktechnischen Produkten vermittelt.

Tabelle 1-5. Lehrkonzeption "Lärmminderung" für technisch orientierte Studienrichtungen
und für Weiterbildungslehrgänge [14].

1   Schall und seine Kenngrößen   1.1 Problemstellung und Definitionen (Schall, Lärm; Luftschall, Körperschall)   1.2 Ausbreitungsmechanismus und Kenngrößen des Luftschalls   1.3 Pegeldarstellung der Kenngrößen   1.4 Zeitfunktion und Spektrum geräuschrelevanter Größen
2   Besonderheiten der Schallwahrnehmung durch den Menschen
3   Geräte und Verfahren der Geräuschmessung und -analyse

4   Konstruktionsrichtlinien
 4.1 Typische Geräuschursachen in Geräten und Maschinen
 4.2 Maßnahmen zur Lärmminderung
     4.2.1 Allgemeine Regeln
     4.2.2 Beeinflussung anregender Kräfte
     4.2.3 Beeinflussung der Körperschallübertragung
     4.2.4 Beeinflussung der Luftschallabstrahlung und -ausbreitung
     4.2.5 Richtlinien für die Gestaltung typischer feinwerktechnischer Bauelemente und Baugruppen
     4.2.6 Kapseln

5   Demonstrationsversuche
    – Vermittlung einer Größenvorstellung von Schallpegeln
    – Demonstration des Spektrums und der Zeitfunktion
    – Demonstration des subjektiven Hörempfindens
    – Vorführen ausgewählter Erzeugnisse und der Wirkung von Maßnahmen der Lärmminderung

2 Grundlagen der Schallausbreitung und -wahrnehmung

Im Zusammenhang mit der Lärmminderung werden häufig die Begriffe *Schall*, *Geräusch* und *Lärm* verwendet, jedoch mit unterschiedlicher Interpretation. Deshalb wird zunächst durch eine Begriffsbestimmung ein einheitlicher Ausgangspunkt bezüglich der Bedeutung dieser Termini festgelegt. Danach werden die Kategorien Luftschall und Körperschall sowie wichtige Schallkenngrößen erläutert und, daraus abgeleitet, die Vorgänge der Schallausbreitung sowie die Besonderheiten der Schallwahrnehmung durch das menschliche Hörorgan beschrieben.

2.1 Begriffe Schall, Geräusch und Lärm

Unter *Schall* versteht man das allgemeine physikalische Phänomen, das das Vorhandensein von Schwingungen in einem Medium charakterisiert. Für die Belange der Lärmminderung kann die Frequenz dieser Schwingungen auf den Bereich beschränkt bleiben, der mit dem menschlichen Hörorgan und mit den dafür vorgesehenen Meßgeräten nachweisbar ist. Dieser Bereich wird üblicherweise mit 16 Hz bis 16 kHz angenommen (für meßtechnische Zwecke mit 20 Hz bis 20 kHz).

Als *Geräusch* bezeichnet man im allgemeinen den von einer beliebigen Schallquelle herrührenden Luftschall, der charakteristisch für diese Quelle (Motorgeräusch, Getriebegeräusch, Lagergeräusch) oder sogar für einzelne Zustände dieser Quelle ist (Arbeitsgeräusch, Leerlaufgeräusch o. ä.). Dieser Begriff wird im wesentlichen ohne negative Wertung benutzt.

Lärm dagegen kennzeichnet ein störendes oder sogar gehörschädigendes Geräusch und ist in der Regel mit der Vorstellung von größeren Schallpegeln (vgl. Abschnitt 2.3) verbunden.

Analog dazu wird der Begriff Lärmbekämpfung als Kategorie des Umweltschutzes für das Verringern von gesundheitsschädigenden oder das Wohlbefinden des Menschen stark beeinträchtigenden Pegelwerten verwendet. Davon ausgehend hat sich für das Wissenschaftsgebiet, das sich mit der Untersuchung und Beeinflussung der Lärmverursachung im Bereich des Maschinen- und Anlagenbaues beschäftigt, der Begriff "Lärmarm Konstruieren" eingebürgert, der trotz seiner Unzulänglichkeit die Aufgabenstellung klar trifft. Da die Schallpegel feinwerktechnischer Produkte im allgemeinen keine gesundheitsschädigenden Werte erreichen (Bild 2-1, vgl. auch Tabelle 1-1) und die Lärmbekämpfung hier hauptsächlich

die Verbesserung des Qualitätsparameters "Geräuschemission" zum Ziel hat, liegt
es nahe, den Begriff Lärmminderung analog zur Lärmbekämpfung zu verwenden.

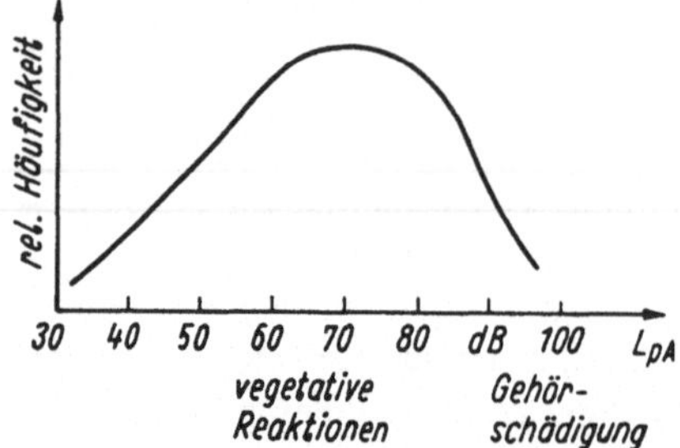

Bild 2-1. Annähernde Verteilung der Immissionswerte bei feinwerktechnischen Erzeugnissen.

Bei Dauereinwirkung ergeben sich ab einem Schalldruckpegel von etwa 55 dB vegetative Reaktionen
und im Bereich ab 90 dB Gehörschädigung [9]; vgl. auch Tabelle 1-1.

2.2 Luftschall und Körperschall

Das Auftreten von Schwingungen ist an das Vorhandensein eines schwingungsfähigen Systems gebunden. Im Fall des *Luftschalles* wird das System durch die
Masse der Luftteilchen und die Kompressibilität der Luft gebildet. Infolge dieser
Eigenschaften schwingen die Luftteilchen um ihre Ruhelage mit der Schwingge-
schwindigkeit oder Schallschnelle v. Dadurch treten örtlich Druckschwankungen in
Form des Wechseldruckes p auf, die dem statischen (atmosphärischen) Luftdruck
überlagert sind. Die Luftteilchen schwingen dabei longitudinal, d. h. in Ausbreitungsrichtung des Schalles. Der Zusammenhang zwischen Schalldruck p und
Schallschnelle v in der ebenen fortschreitenden Welle ist zu jedem Zeitpunkt
herstellbar durch den Quotienten

$$Z = p/v; \tag{2.1}$$

Z Impedanz, komplexer Wellenwiderstand (gibt die mechanischen oder hydrodynamischen Eigenschaften des jeweiligen Mediums an).

Für Luft stellt diese Impedanz eine konstante (reelle) Größe dar, die Kennimpedanz Z_0:

$$Z_0 = p/v = \varrho \cdot c = 408 \ \text{N·s/m}^3; \tag{2.2}$$

ϱ Dichte der Luft; c Ausbreitungs-, Schallgeschwindigkeit, $c = 340$ m/s.

Die Abhängigkeit der Größen ϱ, c und Z von Temperatur und Luftdruck kann für
technische Zwecke im allgemeinen vernachlässigt werden.

Der Luftschall oder genauer der Schalldruck p ist die Größe, die beim Menschen den Geräuscheindruck hervorruft.

Wenn Schall in Form von Schwingungen innerhalb fester Körper auftritt, spricht man von *Körperschall*. Das erforderliche schwingungsfähige System wird in diesem Fall durch den Körper selbst, seine Masse und Elastizität gebildet. Im Unterschied zum Luftschall können beim Körperschall die Schwingungen der einzelnen Teilchen in verschiedenen Raumrichtungen erfolgen. Dementsprechend unterscheidet man beim Körperschall unterschiedliche Wellenformen (s. Abschnitt 3.1.2). Um die Teilchen eines Körpers mit der Geschwindigkeit (Schnelle) v_s in Schwingungen zu versetzen, ist eine bestimmte Kraft F notwendig. Der Quotient aus Kraft und Geschwindigkeit wird analog zum Luftschall ebenfalls als (mechanische) Impedanz z bezeichnet. Zunehmend verwendet man auch den Kehrwert der Impedanz, die Admittanz h:

$$h = v_s/F = 1/z. \tag{2.3}$$

Um den Anschluß an die bisherige Literatur zu sichern, dient im folgenden aber einheitlich die mechanische Impedanz zur Charakterisierung des Widerstandes, den ein Körper einer von außen einwirkenden Kraft entgegensetzt. Ist z groß, dann ist die Wirkung auf den Körper klein, und es wird an der Anregungsstelle nur ein kleiner Ausschlag erzeugt.

Der Körperschall und seine Beeinflussung spielen bei der Lärmminderung eine wesentliche Rolle, da ein großer Teil des Luftschalles zunächst in Form von Körperschall vorliegt, der sich über die mechanische Struktur des Gerätes ausbreitet und dann als Luftschall abgestrahlt wird.

2.3 Schallkenngrößen

Die Schallkenngrößen dienen der Charakterisierung wichtiger Eigenschaften von Geräuschen oder deren Quellen. Sie sind zum Festlegen von Maßnahmen zur Lärmminderung von Bedeutung. Für einige Kenngrößen ist es aufgrund des großen Dynamikumfanges des menschlichen Hörorgans zweckmäßig, einen logarithmischen Maßstab in Form der Pegeldarstellung zu verwenden. Als Bezugsgröße wurde ein in der Nähe der Hörschwelle bei 1000 Hz liegender Wert festgelegt. Das Rechnen mit Pegelgrößen ist in T a b e l l e 2 - 1 am Beispiel des Schalldruckes demonstriert; es läßt sich analog für weitere Größen durchführen.

Tabelle 2-1. Rechnung mit Pegelgrößen (s. auch VDI-Richtlinie 3720, Bl. 1) [9].

1. Pegeladdition (bei Überlagerung mehrerer inkohärenter Schalldrücke zur Bestimmung des Gesamtpegels)

$$L_{\text{pges}} = 10\lg\left(\sum_{v=1}^{n} \frac{p_v^2}{p_0^2}\right)\,\text{dB} = 10\lg\left(\sum_{v=1}^{n} 10^{\frac{L_{pv}}{10}}\right)\,\text{dB}.$$

Vereinfachtes Verfahren: Für zwei Schalldrücke gilt

$$L_{\text{pges}} = 10\lg 10^{\frac{L_{p1}}{10}}\left(1 + 10^{-\frac{L_{p1}-L_{p2}}{10}}\right)\,\text{dB} = (L_{p1} + \Delta L)\,\text{dB}.$$

Bestimmung von ΔL aus nachstehendem Nomogramm:

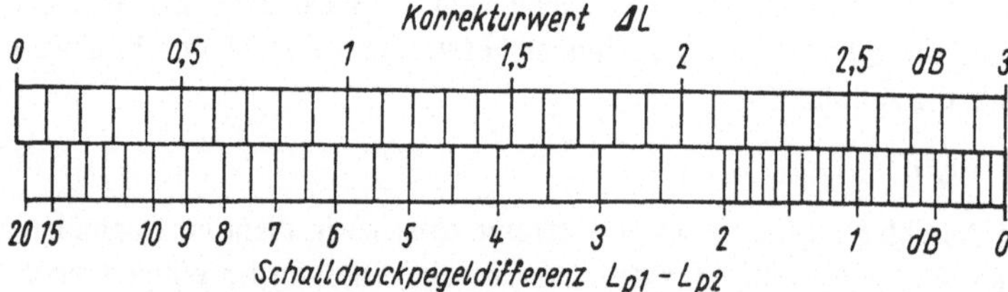

2. Pegelsubtraktion (zum rechnerischen Ausschalten eines unerwünschten Anteils, z. B. des Störpegels), Rechnung analog Addition.

Vereinfachtes Verfahren:

$$L_{p2} = \left[L_{\text{pges}} + 10\lg\left(1 - 10^{-\frac{L_{\text{pges}}-L_{p1}}{10}}\right)\right]\,\text{dB} = (L_{\text{pges}} - \Delta L)\,\text{dB}.$$

Bestimmung von ΔL aus nachstehendem Nomogramm:

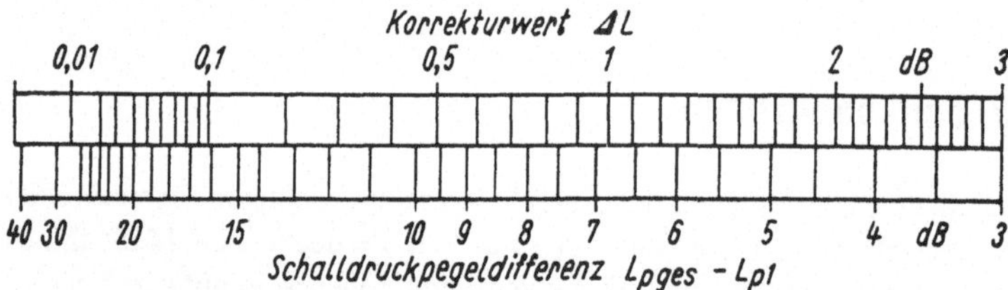

3. Mittelwertbildung mehrerer (inkohärenter) Pegel

$$L_{\text{pm}} = 10\lg\left(\frac{1}{n}\cdot\sum_{v=1}^{n} \frac{p_v^2}{p_0^2}\right)\,\text{dB} = 10\lg\left(\frac{1}{n}\cdot\sum_{v=1}^{n} 10^{\frac{L_{pv}}{10}}\right)\,\text{dB}.$$

Näherungsformel, wenn die Differenz der einzelnen Pegel kleiner als 10 dB ist:

$$L_{\text{pm}} = \frac{1}{n}\cdot\sum_{v=1}^{n} L_{pv}\,\text{dB}.$$

● **Schalldruck und Schalldruckpegel**

Der am menschlichen Ohr vorliegende Schalldruck p ist maßgebend für den Geräuscheindruck. Der kleinste wahrnehmbare Schalldruck ist frequenzabhängig und beträgt etwa 20 μPa. Dieser Wert, der zugleich die ungefähre Hörschwelle bei 1000 Hz darstellt, dient als Bezugsschalldruck p_0 für den Schalldruckpegel L_p:

$$L_\text{p} = 10\lg\left(\frac{\tilde{p}^2}{p_0^2}\right) \text{dB} = 20\lg\left(\frac{\tilde{p}}{p_0}\right) \text{dB}. \qquad (2.4)$$

Zum Veranschaulichen der Größenordnungen sind in T a b e l l e 2 - 2 von verschiedenen Geräuschquellen die zugehörigen Schalldrücke angegeben. Der von der Geräuschquelle herrührende Schalldruck an einem Punkt hängt von der Entfernung zwischen Quelle und Meßpunkt ab. Deshalb eignet sich die Angabe des Schalldruckes oder des Schalldruckpegels besonders zum Beschreiben des auf das menschliche Ohr einwirkenden Schalles, unabhängig von dessen Ursache (Geräuschemission). Zum Kennzeichnen einer Geräuschquelle ist der Schalldruck jedoch nur in Verbindung mit einer Entfernungs- und Richtungsangabe sinnvoll.

Tabelle 2-2. Schalldruckpegel verschiedener Geräusche.

Geräusch	Schalldruckpegel L_p in dB
ungefähre Hörschwelle (bei 1 000 Hz)	0
sehr ruhiger Garten (Blätterrauschen)	20
gedämpfte Unterhaltung	40
Staubsauger im Wohnraum	60
lautes Rufen (in 1 m Entfernung)	80
Motorrad ohne Schalldämpfer (in 10 m Entfernung)	100
Schmerzgrenze (bei 1 000 Hz; Kesselschmiede)	120

Aus dem Nomogramm zur Pegeladdition in Tabelle 2-1 ist abzulesen, daß bei zwei gleichen Quellen der Gesamtpegel des Schalldruckes um 3 dB über den Einzelwerten liegt. Ferner wird ersichtlich, daß die "Addition" eines um 6 dB geringeren Pegels lediglich eine gerade noch wahrnehmbare Gesamtpegelerhöhung von rd. 1 dB bewirkt. Liegt also ein Geräuschanteil um 6 dB oder mehr über dem Pegel anderer Anteile, dann wird das Gesamtgeräusch hauptsächlich durch diesen bestimmt, und Maßnahmen der Lärmminderung müssen schwerpunktmäßig dort ansetzen.

● Schalleistung und Schalleistungspegel

Für eine eindeutige und objektive Charakterisierung einer Geräuschquelle ist es zweckmäßig, die gesamte Schallenergie anzugeben, die je Zeiteinheit von dieser Quelle abgestrahlt wird. Das geschieht in Form der Schalleistung P. Unter Zugrundelegen einer Bezugsschalleistung von $P_0 = 10^{-12}$ W wird der *Schalleistungspegel* L_W wie folgt definiert:

$$L_W = 10 \lg\left(\frac{P}{P_0}\right) \text{ dB}. \tag{2.5}$$

Der Zusammenhang zwischen der oben genannten Bezugsschalleistung und dem Bezugsschalldruck besteht darin, daß eine Quelle mit der Schalleistung $P_0 = 10^{-12}$ W auf einer die Quelle kugelförmig umhüllenden Fläche von 1 m^2 Größe einen Schalldruck von $p_0 = 20$ μPa hervorruft.

Für den Zusammenhang zwischen dem mittleren Schalldruck $\bar{p}$ auf einer Hüllhalbkugel mit dem Radius $r \geq l_{max}$ und der Schalleistung P für Quellen über einer reflektierenden Fläche (sogenannter Halbraum; l_{max} maximale Quellenabmessung) [23] gilt die Beziehung

$$P = \frac{\bar{p}^2}{\varrho \cdot c} \cdot 2\pi \cdot r^2. \tag{2.6a}$$

Sie lautet in Pegelschreibweise

$$L_W = \bar{L}_p + 20 \lg\left(\frac{r}{r_g}\right) \text{ dB} + 8 \text{ dB}; \tag{2.6b}$$

$r_g = 1$ m; der Meßabstand r ist die Entfernung zwischen Quellenmittelpunkt und Meßpunkt.

Insgesamt stellt die Schalleistung einen objektiven und vergleichbaren Wert dar, da sie in der Regel unabhängig von den Meß- und Umgebungsbedingungen ist. Sie läßt sich jedoch im Gegensatz zum Schalldruck nicht direkt messen, sondern wird mit den genannten Beziehungen rechnerisch aus diesem ermittelt.

● Zeitfunktion und Spektrum

Bei den meisten der im Zusammenhang mit der Lärmminderung interessierenden Größen (z. B. Schalldruck, Geschwindigkeit, Kraft) handelt es sich um Schwingungsgrößen, d. h. um Wechselgrößen, die im allgemeinen durch die Zeitfunktion physikalisch beschrieben werden. B i l d 2 - 2 zeigt als Beispiel das Oszillogramm des Schalldruckes eines Geräusches. Daraus wird ersichtlich, daß diese Zeitfunktion eine recht unübersichtliche Beschreibung mit unnötig großem Informationsge-

Bild 2-2. Zeitfunktion eines Geräusches (Oszillogramm).

halt darstellt. Es ist daher zweckmäßig, eine Beschreibungsform zu wählen, die nur die wesentlichen Informationen in aufbereiteter Form enthält und damit dem Anliegen der Lärmminderung besser angepaßt ist. Diese findet man mit der spektralen Darstellung, d. h. der Angabe der frequenzabhängigen Amplituden. Sie ist auch deshalb notwendig, weil sich verschiedene Einflußfaktoren auf dem Wege von der Geräuschentstehung bis zur Abstrahlung nur mittels des Spektrums sinnvoll angeben lassen, z. B. das Übertragungsverhalten einer mechanischen Struktur (vergleichbar mit dem Frequenzgang eines Lautsprechers). Das Spektrum kann aus der Zeitfunktion auf rechnerischem Wege (Fourieranalyse) oder meßtechnisch gewonnen werden (vgl. Abschnitt 4). Der Zusammenhang zwischen Zeitfunktion und Spektrum und die Vorteile einer spektralen Darstellung werden in B i l d 2 - 3

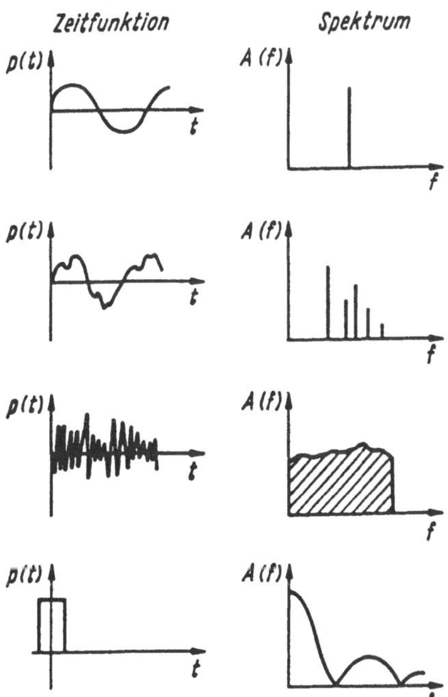

Bild 2-3. Verschiedene Zeitfunktionen und ihre Spektren.

anhand einiger ausgewählter Fälle des Schalldruckes p deutlich. Eine reine Sinusschwingung ergibt bei der entsprechenden Frequenz f eine Linie, deren Länge der Schwingungsamplitude A entspricht. Periodische Schwingungen lassen sich aus einzelnen Frequenzanteilen von unterschiedlicher Amplitude zusammensetzen. Stochastische Schwingungen enthalten praktisch alle Frequenzen innerhalb eines bestimmten Frequenzbereiches und ergeben somit ein kontinuierliches Spektrum. Ein typisches Beispiel hierfür ist das Rauschen. Kontinuierliche Spektren werden aber auch von zeitlich begrenzten Schwingungen hervorgerufen (z. B. Stoßgeräusch), wobei die Form des Schwingungsvorganges (z. B. Stoßverlauf) die Hüllkurve des Spektrums festlegt.

Es sei noch darauf hingewiesen, daß es sich bei den meisten der meßtechnisch ermittelten Spektren um die Angabe von Amplituden- oder Pegel-Mittelwerten für aneinandergereihte Frequenzbänder handelt (Bandspektren).

2.4 Schallausbreitung

Die Schallausbreitung wird wesentlich durch die Umgebung der Schallquelle bestimmt. Wenn sich die abgestrahlten Schallwellen nach allen Richtungen gleichmäßig ausbreiten können, ohne daß sie von Hindernissen reflektiert werden, spricht man vom *Freifeld* oder (weil an jedem beliebigen Punkt nur die direkt von der Quelle herrührenden Schallwellen eintreffen) vom *Direktschallfeld*. Innerhalb eines solchen Freifeldes nimmt der Schalldruckpegel linear mit dem Logarithmus der Entfernung ab (B i l d 2 - 4), und es gilt Gl. (2.6). Freifeldbedingungen sind in der hier definierten Form nur im Freien oder in speziell dafür eingerichteten Meßräumen (reflexionsarmen Räumen) anzutreffen.

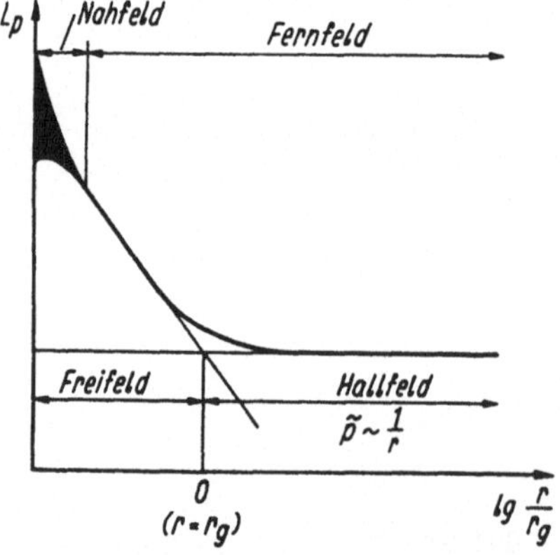

Bild 2-4. Zur Definition der Schallfelder (nach [6]).

Wenn eine Schallquelle allseitig von reflektierenden Begrenzungen umgeben ist, werden die von der Quelle ausgehenden Wellen ständig hin und her reflektiert, so daß eine vollständige Durchmischung des Schalles entsteht. An jedem Punkt des Raumes treffen also Wellen ein, die von der Quelle in alle Raumrichtungen abgestrahlt wurden, und es entsteht ein *diffuses Schallfeld* oder *Hallfeld*, innerhalb dessen der Schalldruck an jedem Punkt gleich ist, abgesehen von zufälligen Schwankungen, deren Größe von Raum- und Schallsignaleigenschaften abhängt.

Zum Erzeugen dieses Hallfeldes dienen spezielle Meßräume, die allseitig von glatten Betonwänden umgeben sind, sogenannte *Hallräume*. Das Schallabsorptionsvermögen in einem Raum kann mit Hilfe der Nachhallzeit bestimmt werden. Das geschieht durch Messen der Zeit, in der nach beendeter Schallemission der Schalldruckpegel um 60 dB abgesunken ist. Das Absorptionsvermögen läßt sich aber auch an Hand von Erfahrungswerten rechnerisch abschätzen [6].

In Bild 2-4 ist in unmittelbarer Nähe der Quelle ein Bereich erkennbar, in dem kein definierter Schalldruck festgelegt werden kann. Diesen Bereich bezeichnet man als *Nahfeld*. Seine Größe wird durch geometrische Abmessungen und Beschaffenheit der Quelle bestimmt. Im Nahfeld liegt eine Phasenverschiebung zwischen Schalldruck und Schallschnelle vor, die zum Entstehen von Blindleistung führt, so daß es zum definierten Messen von Schallkenngrößen nicht geeignet ist. Durch entsprechende Vorschriften wird garantiert, daß die Messung außerhalb des Nahfeldes im Fernfeld erfolgt (vgl. Abschnitt 2.4).

2.5 Schallwahrnehmung

Der Lautstärkeeindruck des Menschen ist frequenzabhängig. Innerhalb des wahrnehmbaren Frequenzbereiches von 16 Hz bis 16 kHz besitzt das Ohr eine unterschiedliche Empfindlichkeit, deren Maximum im Bereich zwischen 2 kHz und 5 kHz liegt und die nach tieferen und höheren Frequenzen hin absinkt. Die Empfindlichkeitsabnahme beträgt bis zu 50 dB nach tieferen Frequenzen und etwa 20 dB nach höheren Frequenzen. Der Verlauf der Abnahme ist vom absoluten Schalldruckpegel abhängig. B i l d 2 - 5 zeigt diesen Verlauf für mittlere Schalldruckpegel.

Neben der Frequenz wird der Lautstärkeeindruck noch von der Dauer des Geräusches bestimmt. Stark impulshaltige Geräusche empfindet man lauter als gleichförmige Geräusche.

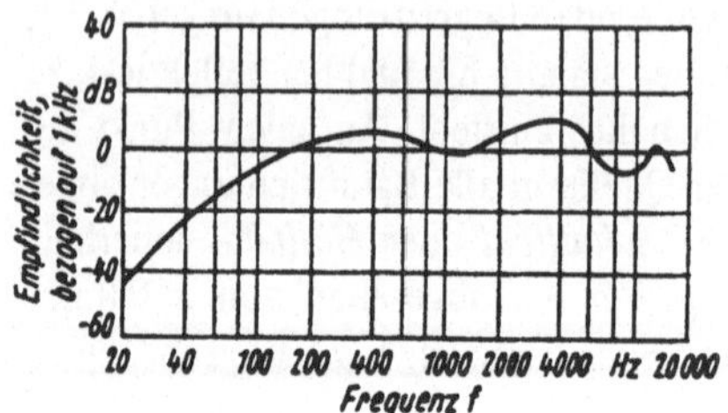

Bild 2-5. Frequenzabhängigkeit der Hörempfindlichkeit gemäß der Kurve gleicher Lautstärke für L_N = 50 phon [9].

2.6 Schlußfolgerungen zur Geräuschbeurteilung

Da die Lärmminderung in erster Linie dazu dient, negative Auswirkungen auf den Menschen zu reduzieren, ist es notwendig, die subjektiven Besonderheiten bei der meßtechnischen Beurteilung von Geräuschen zu berücksichtigen. Das geschieht bei der Frequenzabhängigkeit des Lautstärkeeindruckes durch Einschalten eines Filters mit frequenzabhängiger Dämpfung nach einer genormten Kurve (A-Bewertung, vgl. Abschnitt 4) in die Meßkette (B i l d 2 - 6). Der auf diese Weise gemessene Schalldruckpegel wird als A-bewerteter Schalldruckpegel L_{pA} bezeichnet und in dB(A) angegeben [23, 25].

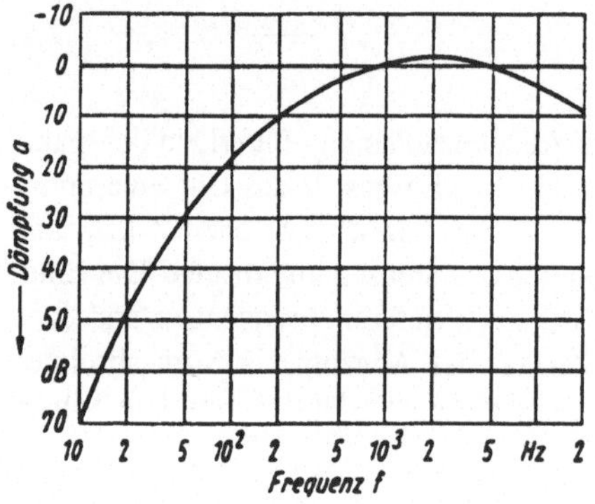

Bild 2-6. Frequenzbewertungskurve A (nach DIN IEC 651, s. Tabelle 8-3).

Die Frequenzbewertungskurve A entspricht am besten dem Hörempfinden, und ihre Anwendung wird in den meisten Fällen vorgeschrieben. Weitere Kurven B, C und D sind für spezielle Geräuschkategorien (z. B. Kurve D für Fluglärm) festgelegt und haben für Messungen an Geräten keine Bedeutung. Die Abhängigkeit von der Zeitfunktion kann durch die Wahl einer entsprechenden Dynamik des Anzeigeteiles nachgebildet werden (z.B. Zeitbewertung Impuls, vgl. Abschnitt 4).

Schließlich sei noch darauf hingewiesen, daß auch der Frequenzumfang (Bandbreite) einen Einfluß auf das Lautstärkeempfinden hat. Geräusche mit großem Frequenzumfang werden bei gleichem Effektivwert lauter empfunden als Sinustöne, d. h., der Lautstärkeeinfluß wächst mit zunehmender Bandbreite. Im Gegensatz zu den beiden vorgenannten Faktoren wird jedoch der Bandbreiteneinfluß bei üblichen Meßgeräten (Schallpegelmesser) nicht berücksichtigt.

3 Grundlagen der Geräuschentstehung

Das wirksame Bekämpfen von Geräuschen setzt voraus, daß die Einflußfaktoren der Geräuschentstehung bekannt sind. Deshalb werden im folgenden wesentliche Zusammenhänge von der meist funktionell bedingten Ursache bis hin zum eigentlichen Geräusch, dem abgestrahlten Luftschall, behandelt. Als weiterführende Literatur sei insbesondere [6, 8, 11, 23, 26] empfohlen.

Grundsätzlich lassen sich die beiden in Tabelle 3-1 angeführten allgemeinen Arten von Geräuschen unterscheiden.

Tabelle 3-1. Direkte und indirekte Geräuschentstehung.

	direkt erzeugte Geräusche	indirekt erzeugte Geräusche
Entstehungs-mechanismus	Zeitliche Schwankungen von Geschwindigkeit und Druck innerhalb eines Fluids infolge strömungsmechanischer Vorgänge erzeugen Wechseldruck im Hörbereich (Luftschall)	Wechselkräfte infolge von Bewegungs- oder anderen physikalischen Vorgängen regen mechanische Schwingungen im Hörbereich (Körperschall) an, die als Luftschall abgestrahlt werden.
Modell	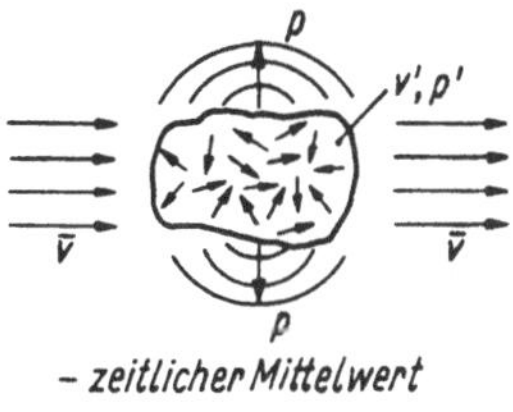 *– zeitlicher Mittelwert*	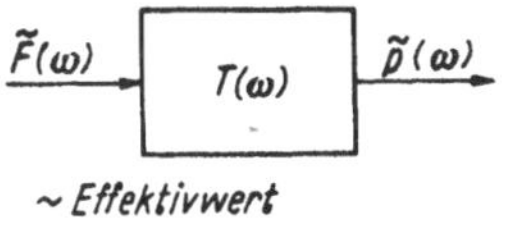 *~ Effektivwert*
Erläuterungen	$\bar{v}$ mittlere Strömungsgeschwindigkeit v' zeitlich schwankende Strömungsgeschwindigkeit p' zeitlich schwankender Druck im Strömungsbereich p Schalldruck	$\tilde{F}(\omega)$ Spektrum der anregenden Wechselkraft $T(\omega)$ Übertragungsfunktion der mechanischen Struktur (Schwingungs- und Abstrahlverhalten) $\tilde{p}(\omega)$ Frequenzspektrum des Schalldrucks

● *Direkt erzeugte Geräusche* treten in der Feinwerktechnik hauptsächlich im Zusammenhang mit der Zwangskühlung bei Lüftern auf [13]. Sie sind dann von besonderer Bedeutung, wenn diese, wie zum Beispiel in elektronischen oder optischen Geräten, die einzige oder dominierende Quelle bilden. Ferner sind diese Geräusche bei pneumatischen Arbeitsprinzipien charakteristisch.

Über das gesamte Spektrum der Produkte betrachtet, haben direkt erzeugte Geräusche jedoch nur eine untergeordnete Bedeutung. Deshalb wird hier auf ihre detaillierte Behandlung verzichtet, zumal in der Literatur dazu ausführliche Hinweise enthalten sind, insbesondere in [7, 8, 13, 24].

● *Indirekt erzeugte Geräusche* treten dagegen in allen Geräten auf, in denen Bewegungsvorgänge ablaufen oder auf andere Weise Bauteile in Schwingungen versetzt werden. Der Weg von der Anregung über das Weiterleiten als Körperschall bis zum Abstrahlen wird allgemein als Wirkungskette der Geräuschentstehung bezeichnet. Diese enthält die verschiedenen Einflußfaktoren und läßt damit auch die grundsätzlichen Möglichkeiten der Lärmminderung erkennen.

3.1 Wirkungskette der indirekten (mechanischen) Geräuschentstehung

Ausgangspunkt für die mechanische Geräuschentstehung ist in der Regel eine Wechselkraft, die ihre Ursache in Unwuchten, Stößen, Reibungsvorgängen, Magnetostriktion u. a. haben kann. Durch diese Kraft wird die mechanische Struktur des Gerätes, bestehend aus Chassis, Baugruppen, Gehäuse usw., in Schwingungen versetzt (Anregung). Zur mathematischen Beschreibung wird die Zeitfunktion der Wechselkraft in Form ihres Frequenzspektrums $\tilde{F}(\omega)$ dargestellt. Den gesamten Komplex des Schwingungs- und Abstrahlverhaltens einer Gerätestruktur bezeichnet man als Übertragungsfunktion $T(\omega)$.

Mit diesen Größen läßt sich das Grundgesetz der mechanischen Geräuschentstehung formulieren (B i l d 3 - 1):

$$\tilde{p}(\omega) = \tilde{F}(\omega) \cdot T(\omega). \tag{3.1}$$

Aus Gl. (3.1) und Bild 3-1 geht hervor, daß der entstehende Luftschall in Form des Schalldruckes $\tilde{p}(\omega)$ durch die Übertragungsfunktion der entsprechenden Struktur beeinflußt wird. Für die Ableitung konkreter konstruktiver Maßnahmen zum Beeinflussen des Schwingungs- und Abstrahlverhaltens ist jedoch ein detaillierteres

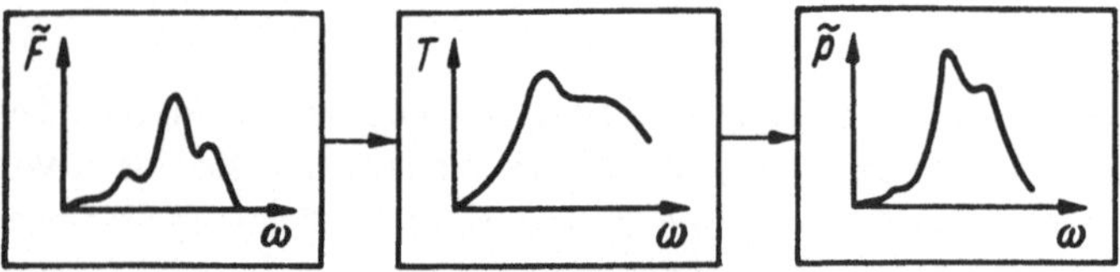

Bild 3-1. Zum Grundgesetz der mechanischen Geräuschentstehung.

Betrachten der Struktureigenschaften erforderlich. Gleiches gilt für die Anregung durch Kräfte oder Geschwindigkeiten. Deshalb wird zunächst der Anregungsvorgang als eigentliche Geräuschursache behandelt.

3.1.1 Körperschallanregung

Unter dem Begriff Körperschallanregung sollen mechanische Vorgänge verstanden werden, die eine aus festen Körpern bestehende Struktur s (z. B. Baugruppe, Gerät) in Schwingungen versetzen. Dabei wird ein Teil der kinetischen Energie als unerwünschter Nebeneffekt in Körperschallenergie umgewandelt. Obwohl der diesbezügliche Wirkungsgrad sehr gering ist ($< 1\%$), bildet der so entstehende Körperschall einen wichtigen Ansatzpunkt für die Lärmminderung.

Die vielfältigen Anregungsvorgänge lassen sich unterteilen nach den Gesichtspunkten

— anregende (physikalische) Größe,

— zeitlicher Verlauf (Zeitfunktion) der Anregungsgröße und

— örtliche Verteilung der Anregung.

Als Anregungsgrößen kommen die Schnelle $v_s(t)$ und die zeitlich veränderliche Kraft $F(t)$ in Frage. Demgemäß unterscheidet man zwischen Schnelleanregung und Kraftanregung. Die Kenntnis der Art dieser Anregung ist wesentlich, weil davon in hohem Maße die einzuleitenden Maßnahmen zur Lärmminderung abhängen.

● *Schnelleanregung* liegt dann vor, wenn sich das Schwingungsverhalten des Erregers (anregende Baugruppe, z. B. Motor) durch Ankoppeln der angeregten Struktur (leichtes Abdeckblech, Chassis usw.) nur unwesentlich verändert (B i l d 3 - 2 a). Als Kriterium für den Grad dieser Beeinflussung dient der Vergleich zwischen der Schnelle des Erregers ohne und mit angekoppelter Struktur. Beträgt

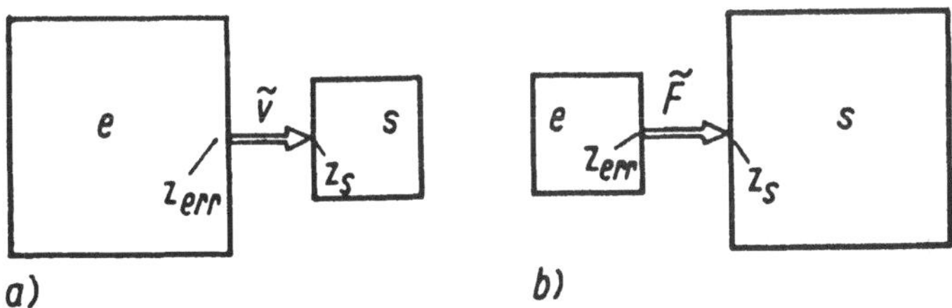

Bild 3-2. Anregungsarten.
a) Schnelleanregung ($z_s \ll z_{err}$); b) Kraftanregung ($z_s \gtrsim z_{err}$).

e Erreger; s angekoppelte Struktur; z_{err} Impedanz des Erregers (Fußpunktimpedanz); z_s Impedanz der Struktur (Eingangsimpedanz).

die beim Ankoppeln auftretende Verringerung der Schnelle $\Delta v_s(t)$ nur 30% oder weniger, so kann man von Schnelleanregung sprechen. Die Größe der Verringerung wird am Beispiel eines Motors mit Abdeckblech durch das Massenverhältnis bestimmt, oder allgemein ausgedrückt, durch das Impedanzverhältnis $z_s(\omega)/z_{err}(\omega)$. Hierbei kennzeichnet $z_s(\omega)$ die Impedanz der Struktur (Eingangsimpedanz) und $z_{err}(\omega)$ die Impedanz des Erregers (Fußpunktimpedanz), beide am Ankoppelpunkt betrachtet (vgl. Abschnitt 3.1.2). Schnelleanregung liegt also vor, wenn $z_s(\omega) \ll z_{err}(\omega)$ ist.

● Von *Kraftanregung* spricht man dagegen bei $z_s(\omega) \gtrsim z_{err}(\omega)$ (Bild 3-2b). Die Schwingbewegung des Erregers wird dabei an der Ankoppelstelle durch die Struktur (in Form der Eingangsimpedanz) stark gehemmt, und es findet hauptsächlich eine Kraftübertragung zwischen Erreger und Struktur statt. In den meisten Produkten überwiegt die Kraftanregung, es sind aber immer beide Komponenten vorhanden.

Beim zeitlichen Verlauf der Anregungsgrößen $F(t)$ bzw. $v_s(t)$ lassen sich periodische, stochastische und Stoßvorgänge (transiente Vorgänge) unterscheiden.

● *Periodische Vorgänge* sind gekennzeichnet durch einen periodischen Verlauf mit der Periodendauer T, d. h. $F(t) = F(t + k \cdot T)$ mit $k = 1; 2; 3; \dots$ Die gesamte Zeit der Anregung Δt ist groß gegenüber der Periodendauer T. Die im Zeitmittel übertragene Energie W bleibt dabei konstant. Daher ist es zweckmäßiger, die Leistung $P = dW/dt$ zu betrachten. Dominiert nur ein Vorgang bzw. ein Erreger, setzt sich das Frequenzspektrum aus der entsprechenden Grundfrequenz $f = 1/T$ sowie aus den Harmonischen $f_i = i \cdot f$ ($i = 2; 3; 4; \dots$) zusammen. In den seltensten Fällen ist die Grundfrequenz f alleiniger Bestandteil des Spektrums, z. B. bei einem Netztransformator ($f = 100$ Hz). Sind zwei oder mehrere Vorgänge bzw. Erreger mit etwa gleicher Grundfrequenz und gleicher Amplitude vorhanden, tritt eine Schwebung auf. Nach der trigonometrischen Beziehung

$$\sin \omega_1 \cdot t + \sin \omega_2 \cdot t = 2 \sin \frac{\omega_1 + \omega_2}{2} \cdot t \cdot \cos \frac{\omega_1 - \omega_2}{2} \cdot t$$

ist die Differenzfrequenz $\Delta f = (f_1 - f_2)/2$ die Schwebungsfrequenz (B i l d 3 - 3). Eine Schwebung entsteht zum Beispiel bei Motoren mit annähernd gleichen Drehzahlen in einer Baugruppe.

● Einer *stochastischen Anregung* liegen zufällig ablaufende Vorgänge zugrunde (z. B. Stöße zwischen Oberflächenunebenheiten bei Roll- und Gleitvorgängen). In ihrem Spektrum $\tilde{F}(\omega)$ kommen alle Frequenzen mit einer bestimmten Wahrscheinlichkeit vor. Die Anregungszeit Δt ist ebenfalls relativ groß, und deshalb wird

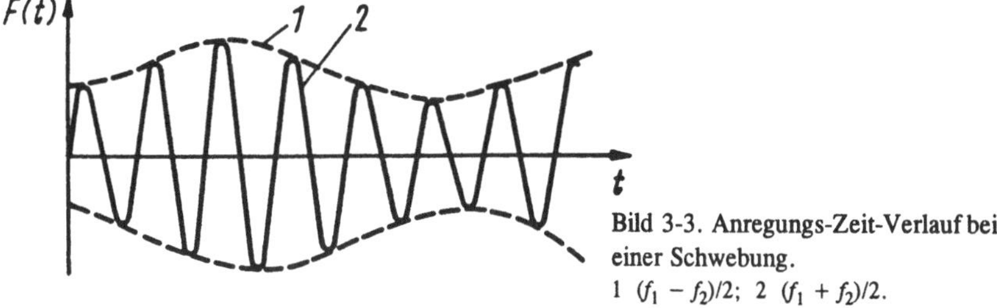

Bild 3-3. Anregungs-Zeit-Verlauf bei
einer Schwebung.
1 $(f_1 - f_2)/2$; 2 $(f_1 + f_2)/2$.

ebenso wie bei periodischen Vorgängen die Leistung zum Charakterisieren der übertragenen Energie und damit der Anregung benutzt, vgl. [8]. Die Körperschallanregung nimmt mit der Oberflächenrauheit, der Formabweichung von Roll- und Gleitflächen sowie mit der Flächenpressung zu.

● *Stoßvorgänge* entstehen durch das Aufeinanderschlagen zweier Körper und sind neben der periodischen Anregung die häufigste Geräuschursache in feinwerktechnischen Produkten, z. B. bei Anschlägen, mechanischen Stanz- und Druckvorgängen, Zugmagneten, Schrittgetrieben oder Spiel in Lagern und Gelenken.

Die kinetische Energie der stoßenden Körper wird durch die kurzzeitige Kraftwirkung im Moment der Berührung vollständig oder teilweise in elastische oder plastische Verformung und in Körperschall umgewandelt.

Als mathematisch-physikalische Grundlage für die Beschreibung und Berechnung von Stoßkenngrößen dient die Hertzsche Stoßtheorie [28]. Sie beschreibt die Kraftwirkung zweier, an der Berührungsstelle sphärischer Körper aus verlustarmen Materialien. Danach berechnet sich die maximale Stoßkraft $\hat{F}$ (gestoßener Körper in Ruhe)

$$\hat{F} = \left(\frac{5}{4} \cdot \frac{m_1}{\alpha} \cdot v_1^2 \right)^{0,6} \tag{3.2}$$

und die Stoßdauer τ

$$\tau = 2,94 \left(\frac{25}{16} \cdot \frac{\alpha^3}{v_1} \cdot m_1^2 \right)^{0,2} \tag{3.3}$$

$$\text{mit} \quad \alpha = \sqrt[3]{\frac{9}{64} \cdot \frac{1}{R_1} \cdot 4 \left(\frac{1-v}{G} \right)^2} \quad \text{für } m_1 \ll m_2;$$

m_1 Masse des stoßenden Körpers; m_2 Masse des gestoßenen Körpers; v_1 Stoßgeschwindigkeit von m_1; R_1 Berührungsradius von m_1 ($R_2 \to \infty$); G Gleitmodul; v Querkontraktionszahl.

Nach einem Abschätzungsverfahren von FÖLLER [26] läßt sich das durch einen Stoß angeregte Frequenzspektrum qualitativ und quantitativ ermitteln, wenn der Stoßkraft-Zeit-Verlauf bekannt ist. B i l d 3 - 4 zeigt Zeitverläufe und Spektren für halbsinusförmige und sinusquadratförmige Kraftverläufe. Für praktische Abschätzungen des angeregten Geräuschspektrums hat sich erwiesen, daß die Approximation eines realen Stoßverlaufes durch eine halbsinusförmige oder sinusquadratförmige Funktion ausreicht. Die Spektren der Stoßkraftverläufe nach Bild 3-4 können bezüglich geräuschbestimmender Parameter folgendermaßen charakterisiert werden:

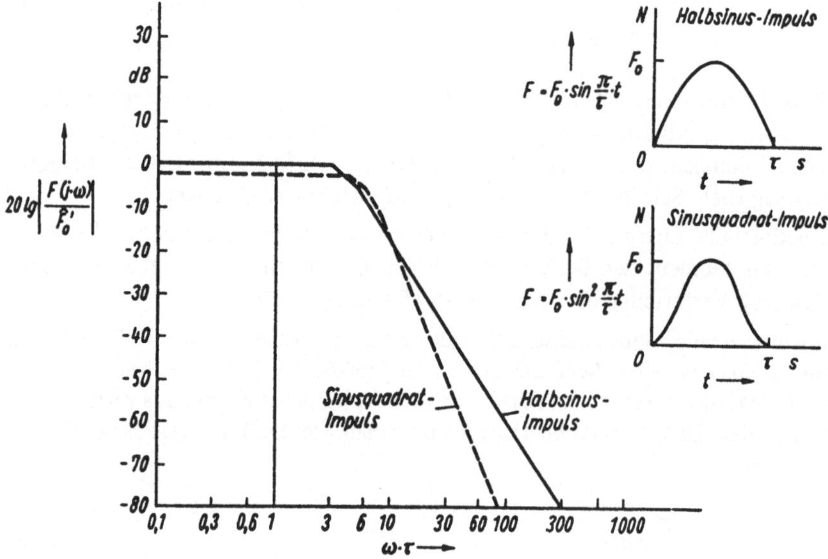

Bild 3-4. Kraft-Zeit-Verlauf und Anregungsspektrum zweier idealisierter Stöße [26].
$\hat{F}_0' = 2 F_0 \cdot \tau / \pi$ in N·s.

Sie sind bis $\omega \cdot \tau \approx 6$ (mit $f_\tau \approx 1/\tau$) etwa konstant, d. h. bis zu dieser Frequenz gelangen alle Frequenzanteile mit gleicher Größe in die Stoßteile. Danach fallen sie mit 40 dB je Dekade (Halbsinus) oder mit 60 dB je Dekade (Sinusquadrat) ab. Aufgrund der kurzen Dauer τ des Kraftverlaufes von Stößen (z. B. bei der Paarung Stahl−Stahl sind $\tau \approx 100\ \mu$s und $f_\tau \approx 10$ kHz, bei Stahl−Gummi $\tau \approx 2$ ms und $f_\tau \approx 500$ Hz) wird meist ein breites Körperschall-Frequenzspektrum erzeugt.

Den konstanten Teil des Spektrums erhält man aus dem beim Stoß übertragenen Impuls $I_{\ddot{u}}$:

$$I_{\ddot{u}} = \int\limits_0^\tau F(t)\, \mathrm{d}t. \qquad (3.4a)$$

Ist der Zeitverlauf der Kraftwirkung bekannt, errechnet man $I_{\ddot{u}}$ aus

$$I_{\ddot{u}} \approx \frac{2}{3} \cdot \hat{F} \cdot \tau \qquad (3.4b)$$

für halbsinusförmige Zeitverläufe und

$$I_{\ddot{u}} \approx \frac{1}{2} \cdot \hat{F} \cdot \tau \qquad (3.4c)$$

für sinusquadratförmige Zeitverläufe, ansonsten − ausgehend vom Impulserhaltungssatz $(m_1 \cdot v_1)$ und dem Stoßfaktor K −, aus

$$I_{\ddot{u}} = m_1 \cdot v_1 \cdot \frac{K+1}{\left(\dfrac{m_1}{m^*}+1\right)}; \qquad (3.5)$$

m^* beschleunigte Masse.

Der darin enthaltene Stoßfaktor K ist das Verhältnis des Impulses I_1' nach dem Stoß zu I_1 vor dem Stoß

$$K = \frac{|I_1'|}{|I_1|} = \frac{|m_1 \cdot v_1'|}{|m_1 \cdot v_1|} \qquad (3.6)$$

und drückt die abgebaute Bewegungsenergie während der Kraftwirkung des Stoßteils aus. Er liegt zwischen $K = 0$ (rein plastischer Stoß) und $K = 1$ (rein elastischer Stoß). Stoßfaktoren für einige in der Feinwerktechnik typische Materialien sind in T a b e l l e 3 - 2 zusammengestellt. Die Werte gelten unter speziellen Bedin-

Tabelle 3-2. Stoßfaktoren einiger Materialien der Feinwerktechnik [13].

gestoßenes Material	Stoßfaktor K
Stahl C 15 (gehärtet)	0,98
Piacryl	0,77
PVC hart	0,83
PTFE	0,76
Polyurethan	0,59
Naturgummi (NG 377)	0,67
Blei	0,14
Messing	0,63

gungen (Masse, Stoßgeschwindigkeit, Oberfläche, Gestalt der Stoßkörper) und sind nur für grobes Abschätzen verwendbar. Genauere Untersuchungen erfordern das experimentelle Ermitteln des Stoßfaktors (s. Abschnitt 4).

Eine Erscheinung, die häufig zusammen mit Stoßvorgängen auftritt, ist das *Prellen*. Es stellt eine Folge von Stößen aufgrund geringer Dämpfung (hohe Rückprallenergie) sowie der Elastizität an der Stoßstelle dar [13, 27]. Dadurch entsteht ein höheres Geräusch, da sich die Spektren der einzelnen Impulse überlagern [26].

3.1.2 Körperschallübertragung

Die Zusammenhänge und Effekte bei Körperschallvorgängen sind außerordentlich vielschichtig und zugleich komplizierter als beim Luftschall. Genauere Kenntnisse dazu sind deshalb für die Lärmminderung von besonderem Interesse. Eine umfassende Darstellung enthält [26].

● Kenngrößen des Körperschalls und deren Zusammenhänge

Schwingungsvorgänge sind allgemein durch Amplitude und Phasenlage bestimmt. Deshalb werden auch die meisten Körperschallkenngrößen zum Beispiel analog zur Wechselstromtechnik mit komplexen Zahlen (Zeiger) dargestellt. Jedoch verzichtet man oft auf eine Information über den Phasenwinkel, da die Amplitudenverhältnisse eine hinreichend genaue Beschreibung ergeben und die theoretischen und experimentellen Untersuchungen erheblich vereinfachen. B i l d 3 - 5 enthält eine Übersicht über die wichtigsten Körperschallkenngrößen und ihre Beziehungen zueinander.

● Körperschallausbreitung

Die am Anregungsort vorliegende Schallenergie nimmt vor dem Abstrahlen als Luftschall zu mehr als 50 % bis nahezu 100 % den Weg als Körperschall durch die Gerätestruktur. Jedoch weist der Körperschall gegenüber dem Luftschall wesentliche Unterschiede auf.

Jeder Punkt eines festen Körpers ist in der Lage, in mehreren Richtungen, allerdings unterschiedlich stark, Schwingungen auszuführen. Das äußert sich im Auftreten mehrerer Wellen- oder Schwingungstypen (B i l d 3 - 6) auf dem Wege bis zum Abstrahlen, bedingt durch mannigfaltige Umwandlung an Inhomogenitäten, wie sprunghafte Querschnittsveränderungen, Verbindungs- und Verzweigungsstellen, Ecken usw. Für die unmittelbare Luftschallabstrahlung sind nur senkrecht zur Oberfläche verlaufende Schwingbewegungen, d. h. Biegewellen, verantwortlich. Andere Wellentypen sind an der Geräuschabstrahlung nur insofern beteiligt, als sie sich an den verschiedensten Stellen einer Gerätestruktur in Biegewellen umwandeln können. So rufen beispielsweise Longitudinalwellen in einem Stab

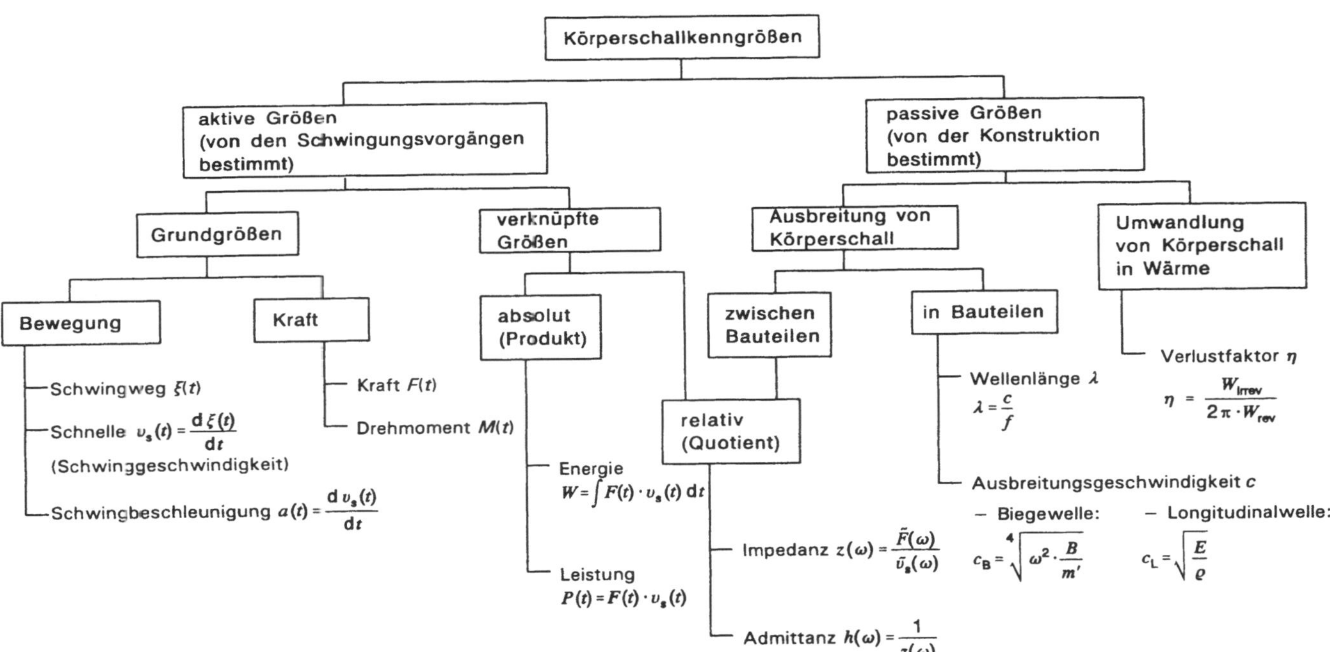

Bild 3-5. Körperschallkenngrößen und ihre Beziehungen zueinander.

$\bar{v}_s(\omega)$ Schnelle (am Aufpunkt); $\bar{F}(\omega)$ Kraft (am Anregungsort); B Biegesteife; m' flächen- bzw. längenspezifische Masse; W_{irrev} in Wärme umgewandelte Energie; W_{rev} je Periode als Schwingungsenergie im System verbleibende Energie.

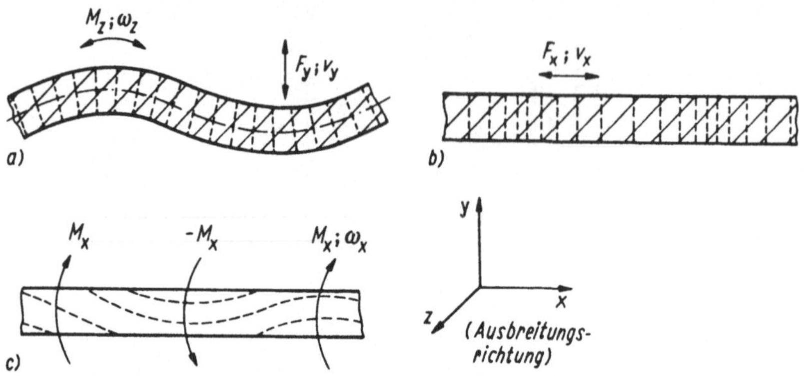

Bild 3-6. Wichtige Körperschallwellen und ihre Feldgrößen.
a) Biegewelle; b) Longitudinalwelle; c) Torsionswelle.

Biegewellen auf einer Platte hervor bei senkrechter Verbindung dieser Teile. In der Praxis überwiegt die Energie der Biegewellen um Größenordnungen. In Gehäusen, Kapseln usw. sind die anderen Wellentypen besonders bei tiefen Frequenzen meßtechnisch kaum nachweisbar, und im Eigenfrequenzbereich beträgt der Pegelunterschied etwa 40 dB [29].

Aufgrund der kleinen Abmessungen findet die Körperschallausbreitung in feinwerktechnischen Produkten bei kontinuierlicher Anregung fast nur unter den Bedingungen eines Körperschallhallfeldes statt (vgl. Abschnitt 2.4). Die Bauteilbegrenzungen reflektieren die sich ausbreitenden Körperschallwellen, bevor diese nennenswert bedämpft werden können. Daraus resultiert eine annähernd gleiche Energiedichte $w = \mathrm{d}W/\mathrm{d}V \sim \varrho_w \cdot \tilde{\tilde{v}}_s^2$ (Schwingungsenergie je Volumeneinheit mit ϱ_w Dichte des Bauteilwerkstoffs und $\tilde{\tilde{v}}_s^2$ mittleres Schnellequadrat). Die Körperschallweiterleitung zwischen zwei Bauteilen oder Baugruppen wird durch die Impedanz- oder Admittanzverhältnisse an den Koppelstellen bestimmt.

Hingewiesen sei noch darauf, daß sehr kleine Bauteile mit einer Länge $l < \lambda/4$ als starre Massen oder Federn, d. h. als Körper ohne Schallfeld wirken. Sie sind als Bestandteile von Feder-Masse-Systemen zu betrachten.

● **Impedanz $z(\omega)$ und Admittanz $h(\omega)$**

Zum Bestimmen der Körperschallenergie, die in eine Struktur, z. B. bestehend aus Chassis, Baugruppen und Gehäuse, hineinfließt oder an den Koppelstellen zweier Bauteile übertragen wird, lassen sich in Analogie zur Elektrotechnik die mechanische Impedanz $z(\omega)$ oder die Admittanz $h(\omega)$ verwenden:

$$z(\omega) = \frac{\tilde{F}(\omega)}{\tilde{v}_s(\omega)} = \frac{1}{h(\omega)}. \tag{3.7}$$

Diese frequenzabhängigen Größen drücken aus, welche Schnelle $\tilde{v}_s(\omega)$ durch eine bestimmte Kraft $\tilde{F}(\omega)$ erzeugt wird. Sie sind damit ein Maß für die Anregbarkeit einer Struktur. Ihre gezielte Beeinflussung bietet eine der wirksamsten Möglichkeiten zur Lärmminderung, die allerdings meist zusätzlichen Aufwand, z. B. Masseerhöhung oder elastische Elemente, erfordert.

Man unterscheidet zwischen Struktur- und Übertragungsimpedanz. Bei der *Strukturimpedanz* wird die erzeugte Schnelle am Punkt der Krafteinleitung betrachtet. Sie charakterisiert die Erregbarkeit eines Bauteils oder einer Struktur s am Erregungsort, und man bezeichnet sie deshalb auch als *Eingangsimpedanz*. Zur näheren Erläuterung sind im Bild 3-7 die Impedanzverläufe der drei Grundelemente starre Masse m, masselose Feder n (Nachgiebigkeit) und Dämpfung r (Reibung) dargestellt, aus deren Kopplung und Überlagerung sich der Impedanzverlauf von Bauteilen ergibt. Im einfachsten Fall ist dies ein gedämpftes Feder-Masse-System gemäß Bild 3-8a und b, dessen Impedanzverlauf Bild 3-8c verdeutlicht. Im Schnittpunkt der Geraden liegt ein minimaler z-Wert vor. Er charakterisiert den Resonanzfall, bei dem eine kleine Kraft eine große Schnelle anregt. Infolge stets vorhandener dämpfender Einflüsse (hier: Dämpfungselement r) wird die Impedanz nie völlig null, d. h. die Resonanzspitze ist bedämpft.

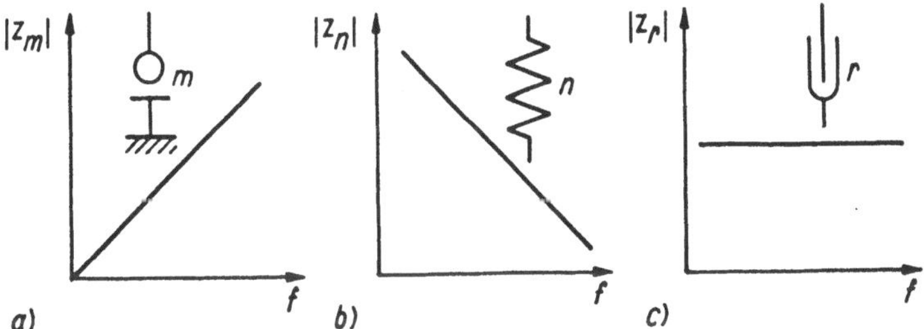

Bild 3-7. Impedanzverläufe der drei Grundelemente.
a) starre Masse m; b) masselose Feder n; c) Dämpfung r.

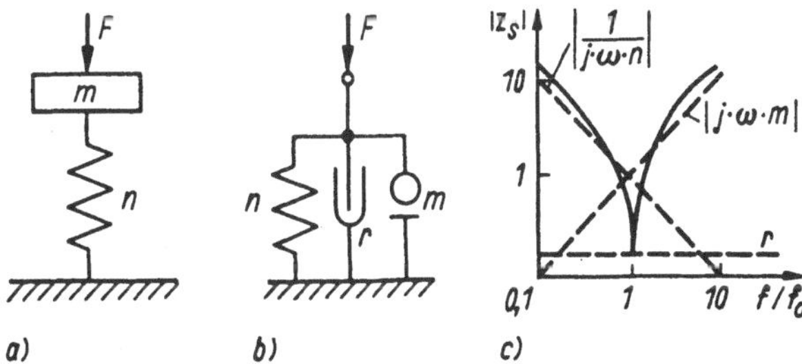

Bild 3-8. Einfaches Feder-Masse-System [13].
a) Prinzipskizze; b) Ersatzschaltbild; c) Impedanzverlauf.

Dieser Fall eines einfachen Feder-Masse-Systems tritt in der Praxis sehr selten auf, z. B. bei elastisch befestigten kompakten Bauteilen. Meist liegt eine Verkettung von Feder-Masse-Systemen mit mehreren Resonanzfrequenzen vor. B i l d 3 - 9 zeigt als Beispiel dafür den gemessenen Impedanzverlauf eines elektrischen Haushaltgerätes (Allesschneider) am Koppelpunkt Motor − Gehäuse. Mehrere Resonanzstellen sind zu erkennen. Zwischen der ersten, zweiten und dritten Resonanz (bei 30, 130 und 190 Hz) zeigt die Koppelstelle fallendes Impedanzverhalten (Federcharakter). Oberhalb 300 Hz treten die Resonanzen dichter auf. Sie deuten auf eine höhere Eigenfrequenzdichte des Gehäuses im oberen Frequenzbereich hin (s. auch Abschnitt 8). Anhand eines solchen Verlaufes, der nur auf meßtechnischem Wege gewonnen werden kann (s. Abschnitt 4), lassen sich Aussagen darüber treffen, welche Anregungsfrequenzen ungünstig sind und wie die Koppelstelle verändert werden muß, z. B. durch Versteifung des Gehäuses, durch zusätzliche Massekonzentration oder durch Zwischenschalten eines elastischen Elements.

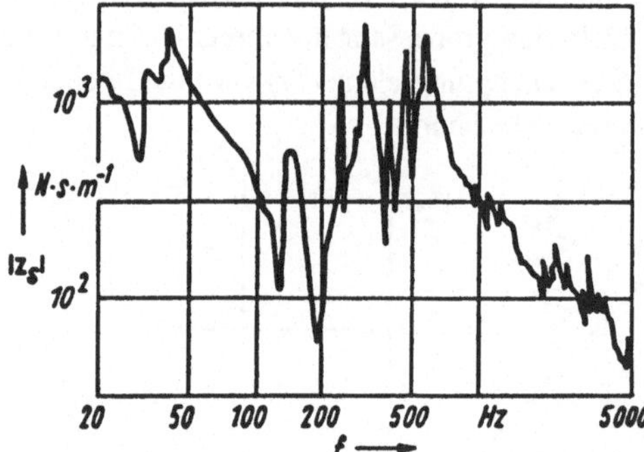

Bild 3-9. Impedanzverlauf am Koppelpunkt des Motorgehäuses eines Haushaltgerätes (Allesschneider), s. auch Abschnitt 8.

Die *Übertragungsimpedanz* bezieht sich auf einen von der Anregung entfernten Punkt, an dem z. B. weitere Bauteile angekoppelt sind. Sie ist ein zusammenfassender Ausdruck für alle Faktoren, die die Körperschallübertragungseigenschaften eines Gerätes vom Punkt der Anregung bis zum Koppelpunkt weiterer Bauteile oder bis zu einer abstrahlenden Oberfläche charakterisieren. Dazu gehören die Feder-Masse-Eigenschaften, die Dämpfung sowie die durch Dämmung entstehenden Effekte und damit der Einfluß des Werkstoffes, der Verbindungsstellen, der geometrischen Abmessungen und der Form der Teile.

Da die Übertragungsimpedanz (häufig wird mit dem Kehrwert, der Übertragungsadmittanz oder Transferadmittanz gearbeitet) wesentlicher Bestandteil der Übertragungsfunktion $T(\omega)$ in der Wirkungskette ist, s. Gl. (3.1), ist ihre Größe zu ermitteln, wenn − ausgehend von der Anregung − das Gesamtgeräusch eines Gerätes abgeschätzt werden soll. Die Betrachtung der Impedanz ist in der Feinwerktechnik aufgrund der kleinen geometrischen Abmessungen für einen breiten Frequenzbereich von etwa 20 Hz bis 10 kHz erforderlich.

● **Körperschalldämpfung**

Dämpfungserscheinungen sind stets mit der Umwandlung von Schwingungsenergie in Wärme verbunden. Die gebräuchlichste Dämpfungskenngröße bei der Lärmminderung ist der Verlustfaktor η. Er drückt das Verhältnis von in Wärme umgewandelter Energie W_{irrev} zum 2πfachen der reversiblen (mechanischen) Energie W_{rev} während einer Schwingungsperiode aus:

$$\eta = \frac{W_{\text{irrev}}}{2\pi \cdot W_{\text{rev}}}.\tag{3.8}$$

Im Unterschied dazu wird der übliche mechanische Wirkungsgrad als $\eta_{\text{mech}} = W_{\text{rev}}/(W_{\text{rev}} + W_{\text{irrev}})$ definiert.

Dämpfungsvorgänge sind auf vielfältige physikalische Erscheinungen zurückzuführen. Bekannt sind z. B. reine Werkstoffdämpfung (Vorgänge im Mikrobereich des Werkstoffs), Fugendämpfung (Luftverdrängungseffekte bei Doppelplatten), Reibungsdämpfung (Coulombsche Reibung an Kontaktflächen zweier fester Körper) usw. Die Wirkungen der verschiedenen Dämpfungen können sich um Größenordnungen unterscheiden, so daß ihr Einfluß auf die Körperschalldämpfung sehr unterschiedlich ist (Tabelle 3-3). Dämpfung verursacht eine stetige Amplitudenverringerung, d. h. eine mit zunehmender Entfernung vom Anregungsort ab-

Tabelle 3-3. Verlustfaktoren einiger Materialien und Konstruktionen; vgl. auch Tabelle 6-5.

Material/Konstruktion	Verlustfaktor [1]	Dämpfungsmechanismus
Stahl, Aluminium	10^{-4}	reine Werkstoffdämpfung
feinwerktechnische Strukturen	$(1 \text{ bis } 5)\cdot 10^{-2}$	Dämpfung der Verbindungsstellen, Werkstoffdämpfung
Automobilkonstruktionen	10^{-2}	
Verbundbleche, Bleche mit Entdröhnschicht	$(2 \text{ bis } 8)\cdot 10^{-1}$	Werkstoffdämpfung optimal durch Aufbau des Verbundsystems zur Geltung gebracht
reale Zahndämpfung bei Zahnradgetrieben	$(0,3 \text{ bis } 1)\cdot 10^{-1}$	Reibung, Werkstoffdämpfung
Hartgummi	1	Werkstoffdämpfung

[1] Beachte den wesentlich höheren Verlustfaktor realer Konstruktionen ($\eta \approx 10^{-1}$) gegenüber reinen Werkstoffen, wie Stahl oder Aluminium.

nehmende Schnelle. Dieser Zusammenhang kommt im Hallfeld (vgl. Abschnitt 2.4), das bei den Größenverhältnissen feinwerktechnischer Produkte dominiert, aber leider kaum zur Geltung. Nur bei größeren Kunststoffteilen mit einer Länge $l \geq 200$ mm erreicht man dadurch merkbare Pegelminderungen > 3 dB in Frequenzbereichen oberhalb 1 kHz. Eine Beziehung zwischen den geometrischen Abmessungen und der Wirksamkeit der Dämpfungsvorgänge läßt sich über den sogenannten optimalen Verlustfaktor η_{opt} finden. Er kennzeichnet die Schwelle, von der ab eine weitere Steigerung des Verlustfaktors wirkungslos ist [7, 8]:

$$\eta_{opt} = 0{,}2 \cdot \frac{\lambda_B}{l}\,; \tag{3.9}$$

λ_B Biegewellenlänge; l Bauteilabmessung in Richtung des Körperschallflusses.

Gl. (3.9) gilt unter der Voraussetzung, daß sich auf dem Bauteil Biegewellen ausbreiten können, d. h. $\lambda_B/l \leq 0{,}5$. Demgemäß ist $\eta_{opt} \approx 0{,}1$. Bei vielen Gerätestrukturen und Konstruktionen kann man zunächst etwa $\eta = 10^{-2}$ annehmen (vgl. Tabelle 3-3). Durch Beschichten mit viskoelastischem Material (z. B. Entdröhnmittel als einfacher Belag auf Blechteilen) läßt sich bei richtiger Bemessung und Ausführung ein Wert von $0{,}1$ erreichen. Einige Möglichkeiten dazu zeigt auch Tabelle 6-5 im Abschnitt 6. Beachtet werden muß aber, daß für Frequenzen oberhalb 1 kHz der Verlustfaktor von Bauteilen gemäß der Beziehung $\eta \sim f^{-(0{,}5 \text{ bis } 1)}$ abnimmt. Für punktförmig mit konstanter Kraft angeregte Platten ist zudem eine Erhöhung von η erst im Frequenzbereich $f \geq f_{01}$, also im Bereich der Biegeeigenschwingungen der Platte, wirksam (f_{01} erste Eigenfrequenz des Bauteils). Ein weiterer Effekt der Dämpfung besteht in einer zeitlich stetigen Abnahme der Schwingungsenergie $W(t)$. Diese als Nachklingen bekannte Erscheinung folgt der Beziehung

$$W(t) = W_0 \cdot e^{-2\pi \cdot f \cdot \eta \cdot t} \tag{3.10a}$$

oder in Pegelschreibweise

$$L_{vs}(t) = (L_{vs0} - 8{,}7\,\pi \cdot f \cdot \eta \cdot t) \quad \text{dB}. \tag{3.10b}$$

Zur Beschreibung dieses Effekts läßt sich die Kenngröße Nachhallzeit $T = 2{,}2/(f \cdot \eta)$ verwenden. In dieser Zeit ergibt sich in einem mit bestimmter Frequenz schwingenden System eine Absenkung um 60 dB. Darin besteht zugleich eine weitere Möglichkeit zur Bestimmung des Verlustfaktors (s. Abschnitt 4). In der Feinwerktechnik läßt sich die zeitliche Abnahme des Körperschalls besser für die Lärmminderung nutzen als die räumliche. Entsteht Körperschall durch kurze Anregungsimpulse, die in relativ großen Abständen auf ein Gerät einwirken, bleibt dazwischen genügend Zeit für eine wirksame Bedämpfung. Mit dem Vergrößern des Verlustfaktors kann also die zeitlich gemittelte Energie verringert werden, und zwar nach der Beziehung

$$\frac{\bar{W}_1}{\bar{W}_2} = \frac{\eta_2}{\eta_1} \tag{3.11a}$$

oder in Pegelschreibweise

$$\Delta L_{vs} = L_{vs1} - L_{vs2} = 10 \lg\left(\frac{\eta_2}{\eta_1}\right) \quad \text{dB}; \tag{3.11b}$$

1 vor, 2 nach Änderung des Verlustfaktors.

Die Gültigkeit dieser Gleichungen wird dadurch eingeschränkt, daß der Zeitabstand Δt zwischen den Anregungsimpulsen sehr viel größer sein muß als die Eigenperiodendauer T_0 des nachklingenden Teils ($\Delta t \geq 10^2 T_0$), damit es genügend viele Perioden gibt, in denen die Schwingungsenergie abgebaut wird, ohne daß durch Anregung neue hinzukommt. Je weniger Eigenperioden zwischen Anregungsimpulsen liegen, um so mehr weicht die tatsächliche Pegelminderung von Gl. (3.11b) ab. Im unteren Grenzfall $\Delta t \approx T_0$ ergibt sich $\Delta L = 0$ dB. Schwingungen mit höherer Frequenz (im kHz-Bereich), d. h. mit kleinerer Periodendauer T_0, werden daher rascher und in einem geringeren Volumen abgebaut als solche mit tieferen (z. B. Netzbrummfrequenz).

● **Körperschalldämmung**

Die Körperschallenergie wird bei Dämmungseffekten nicht in eine andere Energieform umgewandelt, sondern lediglich in ihrer weiteren Ausbreitung behindert, d. h. teilweise reflektiert. Dadurch ergeben sich ebenfalls Ansatzpunkte für eine Lärmminderung.

Dämmung tritt in allen Inhomogenitäten oder Impedanzsprüngen auf, also zum Beispiel bei Verbindungsstellen, Verzweigungen, Ecken, Querschnittsveränderungen und elastischen Zwischenschichten. Je größer der Impedanzsprung (Fehlanpassung für die Körperschallwelle) ist und je öfter ein solcher im Körperschallweg auftritt, um so größer wird der durch Reflexion entstehende Dämmungseffekt. Von besonderer Bedeutung für die Feinwerktechnik sind dabei die genannten elastischen Zwischenschichten, auch als Körperschall- oder Schwingungsisolierung bekannt [13]. Sie bewähren sich gleichermaßen zwischen Bauteilen, die entweder als Körperschallwellenleiter ($l > \lambda$) oder als starre Masse ($l \ll \lambda$) aufzufassen sind. Derartige Schichten sind so "weich" wie möglich auszuführen. Dieser Forderung setzt aber die Funktion der Geräte praktische Grenzen. Es ist deshalb anzustreben, die Eigenfrequenz des durch elastische Zwischenlagen entstehenden schwingungsfähigen Systems höchstens halb so groß zu wählen wie die kleinste zu dämmende Frequenz. Bei Stoßvorgängen ist dabei ein Kompromiß erforderlich, da in diesem Falle Frequenzen theoretisch bis 0 Hz angeregt werden. Die weiteren vorher genannten Inhomogenitäten haben in der Feinwerktechnik wegen des meist vorherrschenden Körperschallhallfeldes eine untergeordnete Bedeutung. Um eine wirksame Dämmung zu erreichen, müßten z. B. Querschnittsveränderungen oder zusätzliche Sperrmassen unrealistisch groß bemessen werden; ausführliche Darlegungen s. [8].

3.1.3 Schallabstrahlung flächenhafter Bauteile

Am Ende der Wirkungskette der mechanischen Geräuschentstehung werden die Körperschallschwingungen in Luftschall umgewandelt. In Geräten und Maschinen sind es besonders plattenförmige Bauelemente, die einen großen Teil des störenden Schalls abstrahlen. Die abgestrahlte Schalleistung P ergibt sich dabei zu

$$P = \varrho \cdot c \cdot \widetilde{\widetilde{v}}_{\mathrm{s}}^{\,2} \cdot \sigma \cdot A; \tag{3.12}$$

$\varrho \cdot c$ Kennimpedanz der Luft ($= 408$ N·s/m³); $\widetilde{\widetilde{v}}_{\mathrm{s}}^{\,2}$ mittleres Schnellequadrat; σ Abstrahlgrad; A Strahlerfläche.

Die Parameter mittlere Schnelle $\widetilde{\widetilde{v}}_{\mathrm{s}}$ und Abstrahlgrad σ lassen sich konstruktiv so beeinflussen, daß die Geräuschabstrahlung minimal wird.

Der Abstrahlgrad σ, dessen Größe im allgemeinen zwischen 0 und 1 liegt (bei der Grenzfrequenz und in deren Nähe auch über 1), ist

$$\sigma = P/P_{\mathrm{k}}; \tag{3.13}$$

P abgestrahlte Schalleistung einer Platte mit beliebiger (Biege-)Schwingverteilung; P_{k} abgestrahlte Schalleistung einer konphas schwingenden Platte.

Ursache der verminderten Schallabstrahlung ist der sogenannte hydrodynamische Kurzschluß (Druckausgleich), bei dem sich Überdruckgebiete mit benachbarten Unterdruckgebieten kompensieren können und keinen Anteil zum Schalldruck im Fernfeld liefern. Dies ist zum Beispiel bei kleinen Bauteilen der Fall, d. h., wenn die Strahlerabmessungen klein gegenüber der Luftschallwellenlänge sind. Der Druckausgleich erfolgt um die Randbegrenzungen herum und nimmt mit tieferen Frequenzen zu, so daß diese schlechter abgestrahlt werden. Der Vergleich des Frequenzspektrums von zwei Lautsprechern verdeutlicht diesen Sachverhalt anschaulich (B i l d 3 - 1 0).

Abhängig von den Eigenschaften des Strahlers und der Strahlerfläche A ergibt sich eine Frequenz, bei der der Abstrahlgrad ein Maximum hat und oberhalb dieser Frequenz annähernd 1 wird. B i l d 3 - 1 1 vermittelt eine Vorstellung über die Größenordnungen. Im nichtschraffierten unteren Gebiet beträgt die Verringerung des Abstrahlgrades etwa 20 bis 40 dB je Frequenzdekade. Ein Beispiel für die prakti-

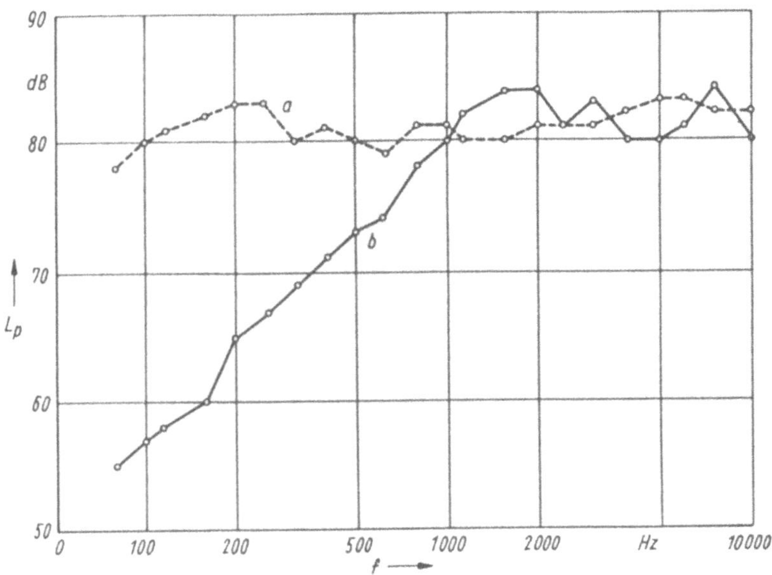

Bild 3-10. Frequenzspektrum des Schalldruckpegels zweier gleicher Lautsprecher.
a mit Schallwand; b frei aufgehängt.

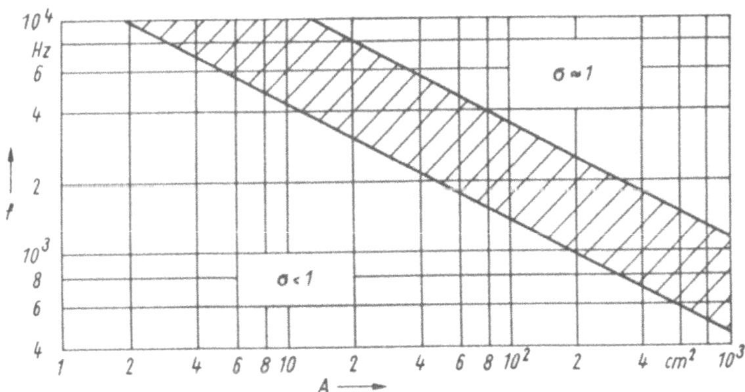

Bild 3-11. Grenzfrequenzen, oberhalb derer $\sigma = 1$ gilt (für annähernd quadratische Platten aus Stahl, konphas schwingend).

sche Ausnutzung des hydrodynamischen Kurzschlusses ist das Verwenden von geschlitzten oder gelochten Platten (Untersuchungsergebnisse dazu s. Abschnitt 6).

Das verringerte Abstrahlen von Platten mit Biegewellen ist ebenso auf den Einfluß des hydrodynamischen Kurzschlusses zurückzuführen. Zum Verdeutlichen soll eine unendlich große, ungedämpfte Platte betrachtet werden, die man mit einer diskreten Frequenz anregt (B i l d 3 - 1 2). Aus dem Bild wird ersichtlich, daß sich benachbarte Über- und Unterdruckgebiete kompensieren können. Auch in diesem Fall ist der Ausgleich auf tiefe Frequenzen bis zur Biegewellengrenzfrequenz f_g beschränkt. Diese Grenzfrequenz ergibt sich bei Gleichheit von Biegewellenlänge λ_B auf der Platte und Luftschallwellenlänge λ. Für eine große ungedämpfte Platte ist der Verlauf des Abstrahlgrades σ über der Frequenz (Kurve 1) im B i l d 3 - 1 3 dargestellt. Bei realen Platten ist der Druckausgleich an Rändern, Versteifungen und in der Nähe des Anregungsortes gestört, so daß sich ein Verlauf nach Kurve 2 ergibt.

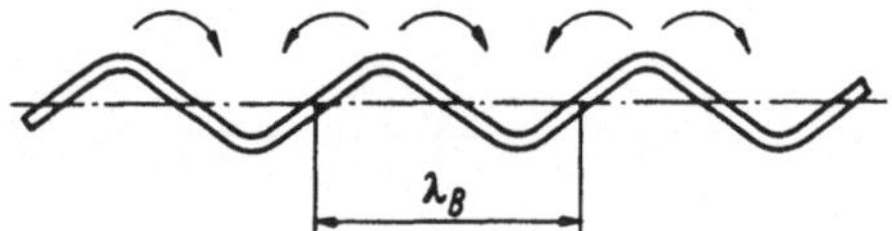

Bild 3-12. Prinzip des hydrodynamischen Kurzschlusses auf Platte mit Biegewellen ($\lambda_B < \lambda$).

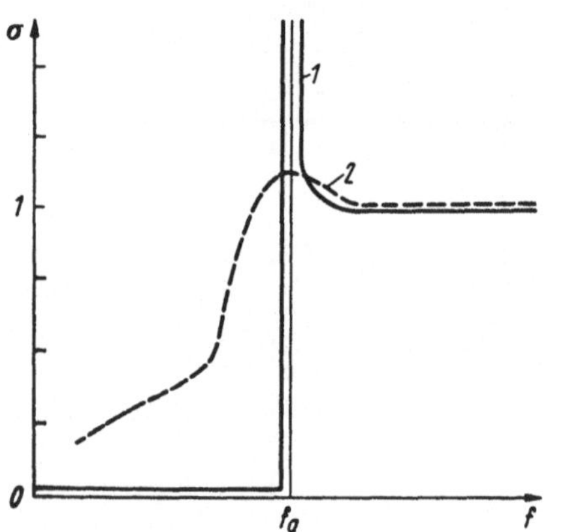

Bild 3-13. Abstrahlgrad für (1) unendliche, ungedämpfte Platten und für (2) reale Platten mit Biegewellen.

f_g Grenzfrequenz.

Berechnungsverfahren zur Bestimmung von σ unterhalb f_g s. [11, 32, 33].

Entscheidend für die Schallabstrahlung ist die Lage der Grenzfrequenz im Verhältnis zu den dominierenden Anregungsfrequenzen.

Für plattenförmige Teile ergibt sich die Grenzfrequenz nach [8] zu

$$f_g = \frac{c^2}{2\pi} \cdot \sqrt{\frac{m'}{B}} \; ; \qquad\qquad (3.14a)$$

m' spezifische Masse $(m' = \varrho_w \cdot d)$; B Biegesteife $\left(B = \dfrac{E}{1-v^2} \cdot \dfrac{d^3}{12} \right)$; v Querkontraktionszahl (für Metalle $v \approx 0{,}3$ bis $0{,}4$); d Plattendicke.

Daraus kann folgende Näherungsgleichung abgeleitet werden:

$$f_g = \frac{61 \cdot 10^3}{d} \cdot \frac{1}{c_L} \; ; \qquad\qquad (3.14b)$$

f_g in kHz; d in mm; c_L in m/s.

Mit der Kenntnis des E-Moduls des Plattenwerkstoffs, dessen Dichte ϱ_w und der Dicke d läßt sich die Lage der Grenzfrequenz besonders stark abstrahlender Bauelemente ohne Versteifungen ermitteln und gegebenenfalls geräuschgünstig verändern. Zur Erläuterung sind im B i l d 3 - 1 4 drei fiktive Frequenzverläufe der Schnelle auf einer Gehäusewand dargestellt. Wird für die Wand eine Grenzfrequenz von 5 kHz ermittelt, so ergibt sich für den Fall 2 eine hohe Abstrahlung. Auch Fall 3 ist wegen $\sigma \approx 1$ akustisch ungünstig. Ansonsten ist der Fall 1 anzustreben, da unterhalb von f_g die Abstrahlung gering ist. Eine Erhöhung der Grenzfrequenz (z. B. durch Verringern der Materialdicke) auf 10 kHz ist für die Fälle 1 und 2 günstig, im Fall 3 erhöht sich die Geräuschemission.

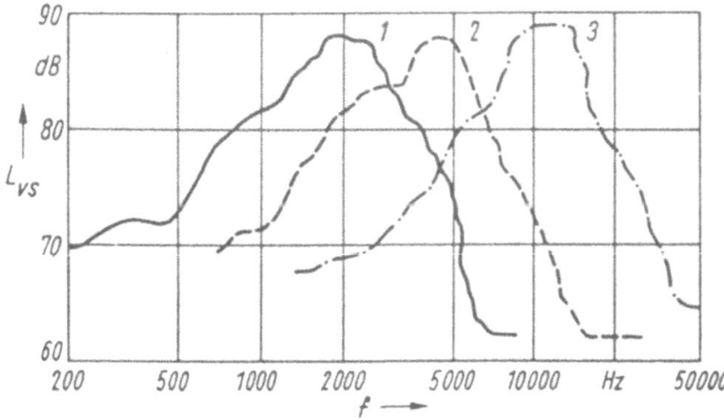

Bild 3-14. Drei unterschiedliche Frequenzverläufe der Schnelle auf einer Platte.

Maßgebend für die Schallabstrahlung ist ferner die Schnelle an der Oberfläche. Gerade in der Feinwerktechnik mit dem Trend zur Leichtbauweise werden dünne plattenförmige Bauteile in vielfältiger Form als Hebel, Gestänge und Befestigungselemente verwendet. Ebenso bestehen Gehäuse oft aus dünnwandigen Stahlblechen mit Wanddicken $d \approx 1$ mm oder aus Kunststoff-Spritzteilen mit d kleiner als 5 mm.

Für Platten, die punktförmig und mit einem breitbandigen Frequenzspektrum angeregt werden, läßt sich das mittlere Schnellequadrat $\tilde{\tilde{v}}_s^2$ näherungsweise ermitteln [6].

Für Kraftanregung gilt

$$\tilde{\tilde{v}}_s^2 \approx \frac{\tilde{F}_0^2}{2{,}3\,\omega \cdot c_L \cdot \varrho_w^2 \cdot d^3 \cdot A \cdot \eta} \tag{3.15a}$$

und für Schnelleanregung

$$\tilde{\tilde{v}}_s^2 \approx \frac{2{,}3\,\tilde{v}_0^2 \cdot c_L \cdot d}{\omega \cdot A \cdot \eta}; \tag{3.15b}$$

v_0 Leerlaufschnelle; c_L Ausbreitungsgeschwindigkeit der Longitudinalwelle.

Anhand dieser Gleichungen kann man den Einfluß der einzelnen Parameter abschätzen und entsprechende konstruktive Möglichkeiten ableiten. Das Vergrößern der Plattendicke z. B. bewirkt nur bei Kraftanregung eine Verringerung der Schnelle, bei Schnelleanregung ist dies dagegen nicht sinnvoll.

Die Plattendicke verringert nach Gl. (3.14b) auch die Grenzfrequenz f_g. Die Folge ist ein Vergrößern des Abstrahlgrades σ. Für den Fall der Kraftanregung wird also die positive Wirkung der Schnelleverminderung infolge Erhöhen der Plattendicke ($\tilde{\tilde{v}}_s^2 \sim 1/d^3$) zum Teil durch die gegensätzliche Wirkung des Abstrahlverhaltens gemindert, wobei die Größe des Einflusses vom anregenden Spektrum abhängt.

Sehr hohe Schnellepegel treten auf, wenn Biegeeigenfrequenzen angeregt werden. Typisches Beispiel ist das "Dröhnen" von Blechteilen unter anderem bei Waschmaschinen. Die Biegeeigenfrequenzen und deren Oberwellen lassen sich für gelenkig gelagerte Platten nach folgender Gleichung berechnen [8]:

$$f_{m;n} = \frac{1}{2\pi} \cdot \sqrt{\frac{B}{m'} \cdot \left[\left(\frac{m \cdot \pi}{l_a} \right)^2 + \left(\frac{n \cdot \pi}{l_b} \right)^2 \right]} \tag{3.16}$$

bzw.

$$f_{m;n} \approx 0{,}48\, c_{\mathrm{L}} \cdot d \cdot \left[\left(\frac{m}{l_{\mathrm{a}}}\right)^2 + \left(\frac{n}{l_{\mathrm{b}}}\right)^2\right]; \qquad (3.17)$$

mit B und m' gemäß Gl. (3.14a) und $m; n = 1; 2; 3; ...;$ c_{L} in m/s; d in mm; Plattenabmessungen l_{a}, l_{b} in mm.

Durch reale Einbaubedingungen ergeben sich bis zu zweifach höhere Werte für die Biegeeigenfrequenzen. In der Feinwerktechnik werden aufgrund der Breitbandigkeit der Anregungskräfte viele dieser Eigenfrequenzen angeregt. Wenn Entdröhnmaßnahmen trotzdem nicht den gewünschten Effekt erzielen, so ist oftmals der optimale Verlustfaktor durch Material- oder Strukturdämpfung schon überschritten.

Hinweise zu balkenförmigen Bauteilen s. [6, 8, 23].

3.2 Beeinflussung der Luftschallausbreitung

Für die Lärmminderung an den Anregungs-, Übertragungs- und Abstrahlpunkten gibt es bestimmte Grenzen, die hauptsächlich durch das gewählte Funktionsprinzip und ökonomische Faktoren festgelegt sind. Im Falle akustisch ungünstiger Gestaltung lassen sich durch Einhalten wesentlicher Regeln des lärmarmen Konstruierens mit vertretbarem Aufwand im allgemeinen gute Erfolge erzielen. Ein weiteres Senken der Schallemission ist oftmals aber nur durch aufwendige Untersuchungen und daraus abgeleitete konstruktive oder technologische Veränderungen möglich. Deshalb muß der abgestrahlte Luftschall reduziert werden. Das gilt besonders für die nachträgliche Lärmminderung an bereits vorhandenen Geräten. Im Maschinenbau gibt es dazu schon seit längerem Schallschutzkapseln, mit denen die gesamte Maschinenoberfläche abgedeckt werden kann. Auch wenn sich derartige vollständige Kapselaufbauten (Wanddicken etwa 20 mm bei Minderung oberhalb 1 kHz) nur in Ausnahmefällen in der Feinwerktechnik anwenden lassen, sprechen doch zwei Gründe dafür, die Probleme der Luftschallminderung näher zu betrachten:

— Gehäuse oder Gehäuseteile lassen sich bei Einhalten der akustischen Regeln vorteilhaft für die Schalldämmung verwenden,

— durch Kapseln von einzelnen Baugruppen mit hohem Luftschallanteil innerhalb der Geräte (Teilkapselung) können bei hohen Frequenzen große Pegelminderungen erreicht werden.

Die Wirkung von Kapseln beruht auf Schalldämmung (Reflexion) und Schallabsorption (Umwandlung in Wärme).

3.2.1 Luftschalldämmung

Charakteristisch für die Schalldämmung ist das Verhältnis von Schalleistung P_1, die auf eine Wand trifft, zu der durchgelassenen Schalleistung P_2. Das logarithmierte Verhältnis

$$R = 10 \lg\left(\frac{P_1}{P_2}\right) \quad \text{dB} \tag{3.18}$$

wird als Schalldämm-Maß bezeichnet.

Der Schalldurchgang durch eine Wand ist im B i l d 3 - 1 5 dargestellt [6]. Der auftreffende Luftschall (1) regt dabei das Bauteil zu erzwungenen Schwingungen an, wobei ein Teil (2) schon an der Oberfläche reflektiert wird und auf dieser Seite eine Schallpegelerhöhunghervorruft (Hallraumeffekt). Die Körperschallschwingungen werden bei ihrer Ausbreitung auf der Wandfläche zum Teil in Wärme (3) umgewandelt (Dämpfung), in andere Bauteile abgeleitet (4) oder an den Rändern und Versteifungen reflektiert. Nach der Reflexion breiten sich diese als freie Biegewellen aus. Der durchgehende Schall (5) resultiert aus der Abstrahlung der freien und erzwungenen Biegewellen auf der Platte.

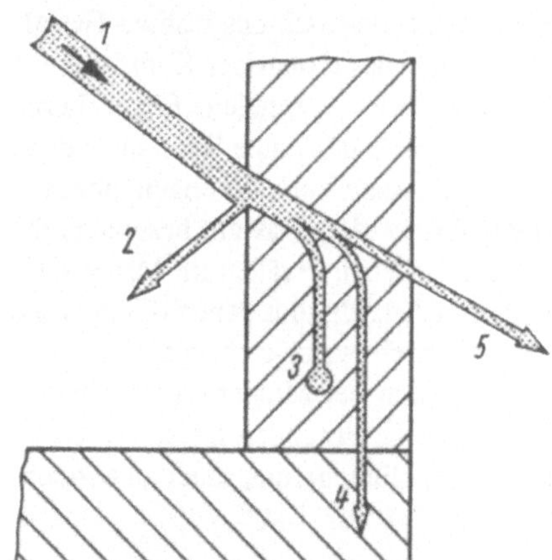

Bild 3-15. Schalldurchgang durch ein Hindernis (nach [6]).

Die Wellenlänge λ_{Be} der erzwungenen Biegewelle ist nach B i l d 3 - 1 6 abhängig von der Luftschallwellenlänge λ und dem Einfallswinkel ϑ. Bei Gleichheit von λ_{Be} und λ ergibt sich ein Schalldämmungseinbruch. Diese Bedingung ist bei der Koinzidenzfrequenz f_k erfüllt. Nach [11] gilt

$$f_k = \frac{f_g}{\sin^2 \vartheta}. \tag{3.19}$$

Für die praktische Anwendung bedeutet dies, daß der Schalldämmungseinbruch bei der Grenzfrequenz f_g beginnt (z. B. 2 mm dickes Stahlblech, $f_g \approx 6$ kHz) und je nach Einfallswinkel einen größeren Frequenzbereich umfaßt. Zur Minderung dieses Effektes sollte das Schalldämmaterial einen großen Verlustfaktor $\eta > 0{,}3$ aufweisen [6].

Die Berechnung der maximalen Schalldämmung von Platten unterhalb der Grenzfrequenz f_g bei diffusem Schalleinfall erfolgt nach

$$R_{max} = \left(20 \lg \frac{f}{\text{Hz}} + 20 \lg \frac{\varrho_w}{\text{g/cm}^3} + 20 \lg \frac{d}{\text{mm}} - 45{,}3 \right) \quad \text{dB}. \tag{3.20}$$

Diese Gleichung kann zugrundegelegt werden, wenn es sich um große oder gedämpfte Platten (z. B. Stahlblech mit Entdröhnbelag) handelt.

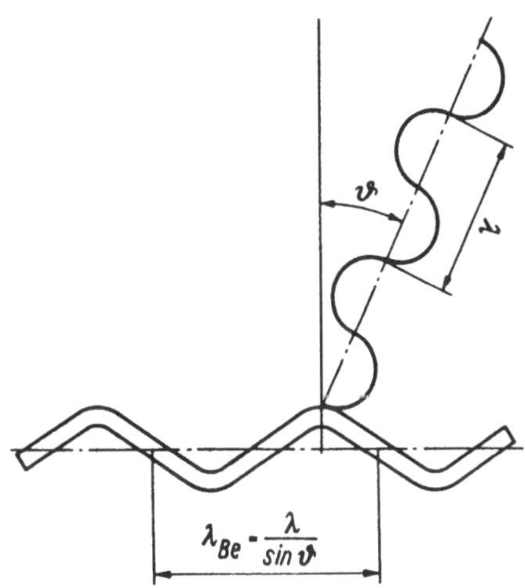

Bild 3-16. Entstehen erzwungener Biegewellen auf Platten.

Für kleine ungedämpfte Platten ergibt sich

$$R_{min} = \left(15 \lg \frac{f}{\text{Hz}} + 10 \lg \frac{\varrho_w}{\text{g/cm}^3} + 5 \lg \frac{d}{\text{mm}} + 10 \lg \frac{2a}{\text{m}} - 5 \lg \frac{c_L}{\text{m/s}} - 5{,}6 \right) \quad \text{dB},$$

$$\tag{3.21}$$

wobei für $2a$ die kleinste Plattenabmessung oder die kleinste freie Länge zwischen zwei Versteifungselementen eingesetzt wird. Wie aus B i l d 3 - 1 7 erkennbar, liegen die Schalldämm-Maße realer Platten zwischen den Werten R_{max} und R_{min}.

Anhand der Gln. (3.20) und (3.21) läßt sich der Einfluß der einzelnen Parameter auf das Schalldämm-Maß erkennen und damit beeinflussen. Der prinzipielle

Gesamtverlauf des Schalldämm-Maßes ebener Platten ist in Bild 3-18 wiedergegeben. Untersuchungen zum Schalldämm-Maß gekrümmter Flächen (Zylinderschalen) sind in [34] beschrieben. Diese haben besonders bei tiefen Frequenzen Vorteile (Bild 3-19).

Hingewiesen sei abschließend noch auf den Einfluß von Öffnungen, z. B. für die Bedienung oder die Wärmeabfuhr [13]. In Bild 3-20 ist in Abhängigkeit vom Öffnungsanteil die Verminderung des Schalldämm-Maßes dargestellt. Der Kurvenverlauf zeigt, daß oberhalb von 10 % Öffnungsanteil nur noch eine geringe Dämmwirkung (< 3 dB) vorhanden ist. Daraus ergibt sich die sehr strenge Forderung, Öffnungen so klein wie möglich zu gestalten und auch funktionell nicht notwendige Spalten und Fugen abzudichten. Auf Möglichkeiten für die konstruktive Gestaltung von Öffnungen wird in Abschnitt 6 hingewiesen.

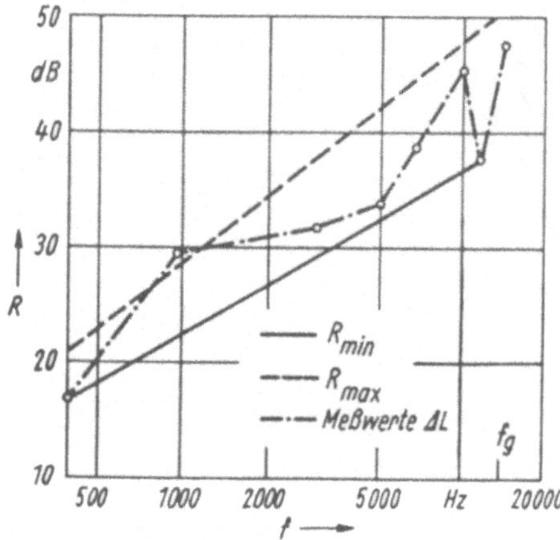

Bild 3-17. Schalldämm-Maß einer PVC-Platte 290 mm × 260 mm × 2 mm.

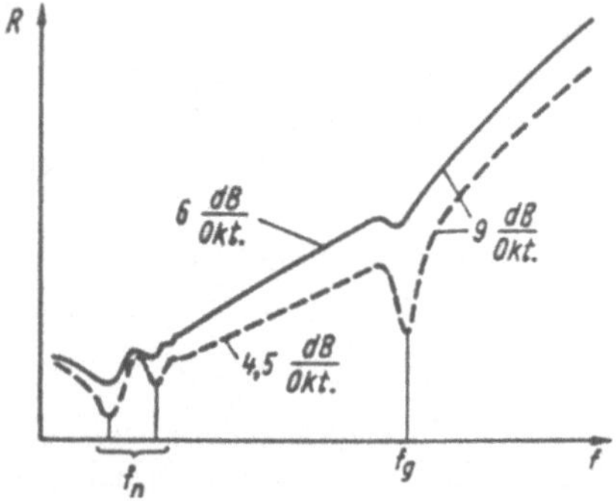

Bild 3-18. Prinzipverlauf der Schalldämmung von Platten (nach [6])

f_n Eigenfrequenzen.

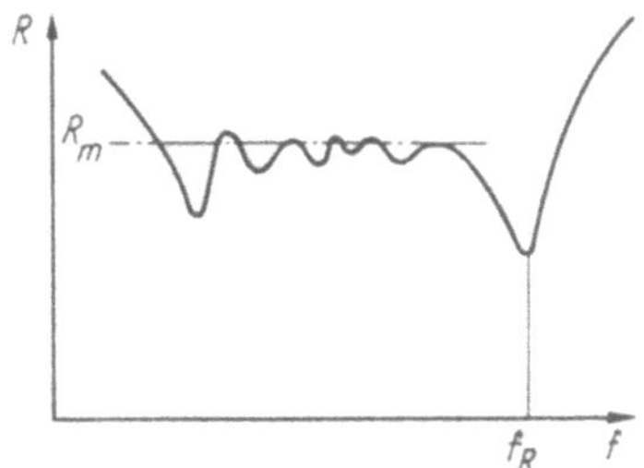

Bild 3-19. Prinzipverlauf der Schalldämmung von Zylinderschalen
(nach [6]).

f_R Ringdehnungsfrequenz.

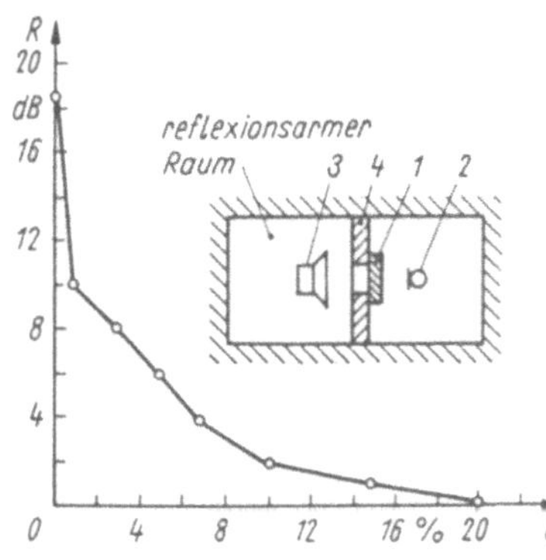

Bild 3-20. Schalldämm-Maß in Abhängigkeit vom
Öffnungsanteil q.

$q -$ (Öffnungsfläche/Gesamtfläche)·100%; 1 Meßblende;
2 Mikrophon; 3 Lautsprecher; 4 Trennwand.

3.2.2 Luftschallabsorption

Das Ausbreiten von Luftschall kann durch die Dämmwirkung schallharter Wände
behindert werden. Wenn eine Schallquelle allseitig von solchen Wänden umgeben
ist (z. B. Kapsel), erhöht sich der Schallpegel in diesem abgeschlossenen Raum
infolge vielfacher Reflexion (Hallraum). Nur ein geringer Teil der Energie wird
durch Luft- oder Wandverluste abgebaut. Dieser Effekt beeinträchtigt aber die
Wirkung einer Kapsel erheblich, und besonders durch Öffnungen wird dann
verstärkt Schall abgestrahlt. Daraus resultiert die Forderung, den Luftschall mittels
geeigneter Materialien in Wärme umzuwandeln. Dieser Vorgang wird als Absorption bezeichnet. Geeignet dafür sind poröse Stoffe wie Mineralwolle, Filz oder
Glaswolle.

Im folgenden sollen die prinzipiellen Vorgänge und wichtigsten akustischen Kenngrößen zum Dimensionieren von Absorberschichten dargestellt werden.

Aus der Raumakustik ist die Kenngröße Schallabsorptionsgrad α bekannt, mitunter auch als Schallschluckgrad bezeichnet. Zur Erläuterung zeigt B i l d 3 - 2 1 den Schallweg einer Welle (p_1), die auf die Absorberschicht 1 vor einer idealen schalldämmenden (schallharten) Wand 2 auftrifft. An der Oberfläche des porösen Materials wird ein Teil des Schalles (p_2) reflektiert. Der andere Teil (p_3) kann in die Absorberschicht eindringen. Auf dem Weg bis zur Wand erfolgt eine Dämpfung durch Reibung an den Fasern des Materials. Die von der Wand reflektierte Welle (p_4) wird auf ihrem Weg weiter gedämpft, und nur ein geringer Teil kehrt in den Anregungsraum zurück. Der Schallabsorptionsgrad α kennzeichnet dabei das Verhältnis von absorbierter Schallintensität I_a zu auftreffender Schallintensität I_e:

$$\alpha = \frac{I_a}{I_e}. \tag{3.22}$$

Er soll möglichst gegen 1 gehen. Eine Voraussetzung zum Erfüllen dieser Forderung besteht nach Bild 3-21 im möglichst geringen Schallanteil p_2, der von der Grenzschicht Luft − Absorbermaterial reflektiert wird. Dazu muß die Impedanz der Dämpfungsschicht etwa gleich der Impedanz der Luft ($Z_0 = \varrho \cdot c$) sein. Ferner soll der in die Absorberschicht eindringende Schall vollständig in Wärme umgewandelt werden ($p_4 \to 0$). Dazu sind ein hohes Dämpfungsvermögen und eine dicke Dämpfungsschicht erforderlich. Großes Dämpfungsvermögen bedeutet aber im Verhältnis zur Luft große Impedanz und widerspricht damit der oben genannten Voraussetzung, so daß in der Praxis ein Optimum gefunden werden muß.

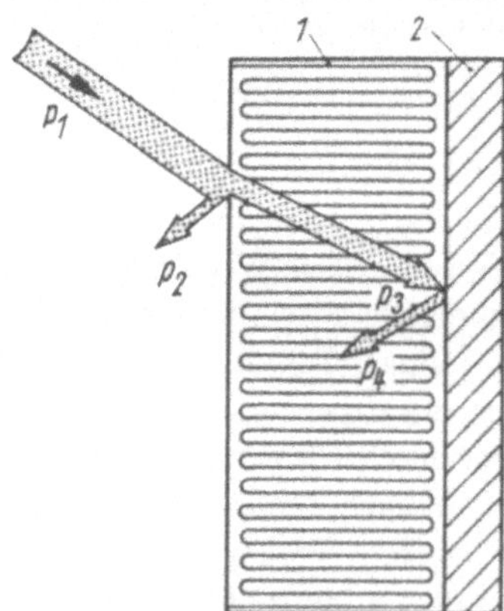

Bild 3-21. Schallausbreitung im Absorbermaterial 1 vor schallharter Wand 2.

Als Materialkenngröße charakterisiert die längenspezifische Strömungsresistanz das Dämpfungsvermögen und ist mit der Einheit Rayl/cm $= 10^3$ Pa·s/m$^2 =$ 10^3 N·s/m^4 definiert durch

$$\Xi = -\frac{\Delta p}{v \cdot \Delta x}. \tag{3.23}$$

Sie gibt an, welcher Druckverlust Δp auf einer Strecke Δx bei einer bestimmten (auf den Querschnitt bezogenen) Strömungsgeschwindigkeit v auftritt. Handelsübliche Materialien haben eine längenspezifische Strömungsresistanz $\Xi = 10$ bis 100 Rayl/cm oder $\Xi = 10^4$ bis 10^5 N·s/m^4.

Beim praktischen Dimensionieren von Auskleidungen in Kapseln ist die Frequenzabhängigkeit zu beachten. Die Angabe eines mittleren Schallabsorptionsgrades ist deshalb nur für grobe Abschätzungen geeignet. Der Schallabsorptionsgrad wächst bei konstanter Materialdicke mit zunehmender Frequenz. Daraus ergibt sich, daß zur wirksamen Absorption tiefer Frequenzen eine Erhöhung der Absorptionsdicke d notwendig ist, beispielsweise bei $f = 100$ Hz eine Dicke von $d \approx 50$ cm (!), die aus Platzgründen nur selten verwirklicht werden kann. Deshalb ist die Kenntnis der Frequenzabhängigkeit der Luftschallquelle wichtig, um im Zusammenhang mit den räumlichen Möglichkeiten die erreichbare Wirkung abzuschätzen.

Für die Auswahl des Materials und der notwendigen Dicke wird in [6] folgende Gleichung angegeben:

$$\Xi = (80 \text{ bis } 240)/d \quad \text{in Rayl/cm;} \tag{3.24}$$

d in cm.

In B i l d 3 - 2 2 sind die Schallabsorptionsgrade für unterschiedliche Auskleidungstiefen dargestellt. Ist zum Beispiel bei allen Frequenzen oberhalb 500 Hz ein Wert $\alpha > 0{,}8$ zu erreichen, würde man nach [6] eine Auskleidungstiefe von 100 mm bei $\Xi = 8$ bis 24 Rayl/cm oder von (8 bis 24)·10^3 N·s/m^4 benötigen.

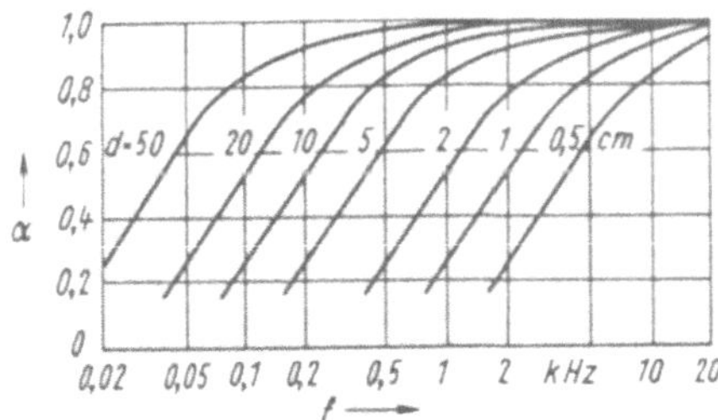

Bild 3-22. Einfluß der Absorberschichtdicke d auf den Schallabsorptionsgrad α für senkrechten Schalleinfall bei Anordnung eines homogenen porösen Absorbers unmittelbar vor einer schallharten Wand und für $d \cdot \Xi_{\text{opt}} = 80$ bis 240 Rayl = (80 bis 240)·10^3 N·s/m^3 [6].

3.2.3 Kapseln

Die Wirkung einer Kapsel zur Luftschallisolierung beruht auf Schalldämmung und -absorption und kann bei optimalem Dimensionieren erhebliche Schallpegelminderungen bis etwa 20 dB bewirken.

Die zu erwartende Pegelabsenkung ΔL_K einer vollständig geschlossenen Kapsel, auch Einfügungsdämmung genannt, läßt sich nach folgender Gleichung ermitteln:

$$\Delta L_K = L_{p0} - L_{pm} = \left(R - 10 \lg \frac{1}{\alpha} \right) \quad \text{dB};$$
(3.25)

L_{p0} Schalldruckpegel ohne Kapsel; L_{pm} Schalldruckpegel mit Kapsel (jeweils am gleichen Ort gemessen).

Aus dieser Gleichung läßt sich erkennen, daß die Einfügungsdämmung für den Fall $\alpha = 1$ genau so groß wie das Schalldämm-Maß R wird. Kleinere Werte für α verringern in jedem Fall die mögliche Einfügungsdämmung.

Die Differenz aus den genannten Terz- oder Oktavschalldruckpegeln der Schallquelle und den maximal zulässigen Werten ergibt die notwendige Einfügungsdämmung. Das Schalldämm-Maß R und der Schallabsorptionsgrad α müssen dann so gewählt werden, daß ΔL_K in jedem Terz- oder Oktavband die geforderte Größe erreicht.

Mit dem Festlegen von R, d. h. dem Wandmaterial und seiner Dicke sowie der vorgesehenen Auskleidung, ist die eigentliche Aufgabe, das Unterbrechen des Luftschallweges, erfüllt. Zusätzlich ergeben sich jedoch eine Reihe konstruktiver Probleme. So sind im allgemeinen Kapselöffnungen für die Wärmeabfuhr oder für das Bedienen der Geräte erforderlich [13]. Jede Öffnung bringt aber ein Verringern der Kapselwirkung mit sich. Besonders stark wirkt sich dies bei kleinen Schallabsorptionsgraden aus. Im Bild 3-23 ist die Pegelabsenkung ΔL_K bei einer Kapsel ohne schallabsorbierende Auskleidung durch Öffnungen bei unterschiedlichen Frequenzen dargestellt.

Aufgrund der Ausbildung stehender Wellen oder von Schwingungen der Luft in den Öffnungen (Feder-Masse-System) kommt es bei diskreten Frequenzen sogar zu Verstärkungen. Sie sind abhängig von den Kapselabmessungen und der Größe der Öffnungen (Luftvolumen). In speziellen Fällen lassen sich die Öffnungen als schallabsorbierende Kanäle ausführen [6]. Ein weiteres Problem ist die Körperschallisolierung. Kapselwände bestehen in vielen Fällen aus dünnem Stahlblech. Wird dieses direkt an körperschalleitenden Bauteilen befestigt, kann eine erhöhte Schallabstrahlung die Folge sein. Günstig ist es in solchen Fällen, den Körperschallweg an den Befestigungspunkten zu unterbrechen und schwach gedämpfte

Wandmaterialien zu entdröhnen. Der prinzipielle Aufbau einer Kapselwand aus Stahlblech ist in B i l d 3 - 2 4 wiedergegeben.

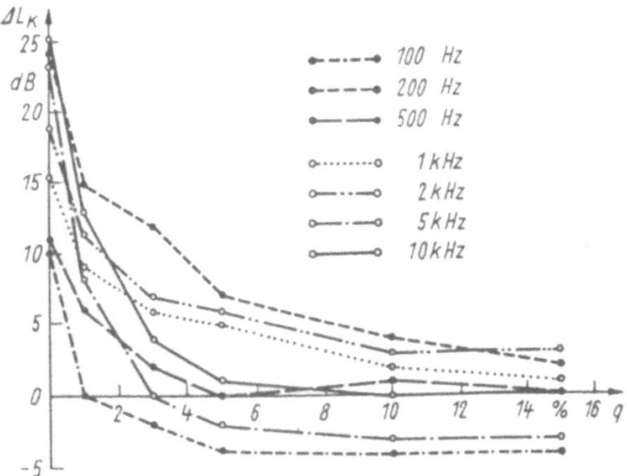

Bild 3-23. Einfluß des Öffnungsanteiles q auf die Pegelabsenkung ΔL_K am Beispiel einer realen Kapsel.

Bezeichnung	Bemerkungen
1 Schalldämmwand	Gestaltung nach Abschnitt 3.2; im allgemeinen biegeweich und schwer (s. auch Abschnitt 6).
2 Entdröhnbelag	Etwa 2- bis 3fache Wanddicke; nur bei geringer Materialdämpfung erforderlich.
3 Absorberschicht	Dimensionierung nach den Abschnitten 3.2 und 6.
4 Folie	Verhindert den Verschluß der Poren des Absorbermaterials durch Staub; möglichst Folie mit kleiner flächenspezifischer Masse verwenden.
5 Abdeckung	Dient zum mechanischen Schutz; Ausführung stets mit Öffnungsanteil $q > 30\ \%$.

Bild 3-24. Schnitt durch eine Kapselwand.

4 Meß- und Analyseverfahren

Im Zusammenhang mit der Lärmminderung durchzuführende meßtechnische Untersuchungen haben folgende Aufgaben:

— Bestimmen der Geräuscherzeugung von Geräten (Emission),

— Ermitteln der Lärmeinwirkung auf den Menschen (Immission),

— Geräteanalyse zum Festlegen von Lärmminderungsmaßnahmen.

Zur Kennzeichnung der *Emission* von Schallquellen wird die abgestrahlte Schalleistung herangezogen. Diese ist aus Absolutmessungen des Schalldruckes zu ermitteln. Dabei sind zum Gewährleisten der Vergleichbarkeit der Meßergebnisse untereinander und mit Vorgabewerten definierte Meßverfahren und -bedingungen einzuhalten (s. DIN 45635 in Tabelle 8-3).

Das Bestimmen der *Immission* (z. B. an Arbeitsplätzen) erfolgt über die Messung des A-bewerteten Schalldruckpegels und dient zur Kontrolle der Einhaltung von zulässigen Grenzwerten (z. B. nach VDI-Richtlinie 2058 [9], s. auch Tabelle 7-2).

Bei der Geräuschanalyse von Geräten kommen vielfältige Meßverfahren und -methoden zum Einsatz. Ziel ist das

— Ermitteln und Wichten einzelner Geräuschquellen, Übertragungswege und Abstrahlflächen,

— Erkennen von Möglichkeiten zum Verbessern der akustischen Eigenschaften sowie das

— Überprüfen der Wirksamkeit durchgeführter Lärmminderungsmaßnahmen.

Für diese Zwecke sind in der Regel Relativmessungen ausreichend, bei denen es nicht auf das Einhalten genormter Bedingungen, sondern vielmehr auf deren Konstanz ankommt.

4.1 Luftschallmessung [22, 25]

Von den Feldgrößen Schalldruck und Schallschnelle läßt sich der Schalldruck relativ einfach messen. Aus seinem Pegel L_p kann bei Kenntnis der Meßentfernung, der Richtungsabhängigkeit der Schallabstrahlung sowie der Umgebungsbedingungen der Schalleistungspegel L_W berechnet werden (s. Abschnitt 2.3 und DIN 45635 in Tabelle 8-3). Wegen des damit verbundenen relativ großen Aufwandes wird bei Untersuchungen zur Lärmminderung häufig ausschließlich der Schalldruckpegel mit einem Schallpegelmesser ermittelt. B i l d 4 - 1 zeigt den grundsätzlichen Aufbau solcher Geräte.

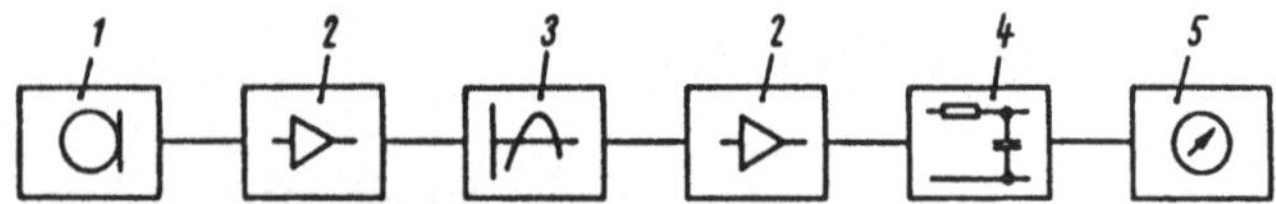

Bild 4-1. Blockschaltbild eines Schallpegelmessers.

1 Mikrophon; 2 Verstärker; 3 Frequenzbewertungsnetzwerk, z. B. A-Kurve; 4 Zeitbewertung (in drei Stufen: S slow, F fast, I Impuls; vgl. auch Anmerkung zu Tabelle 4-4); 5 Anzeige.

Bei Schalldruckmessungen ist die richtige Wahl der Meßentfernung zu beachten, weil davon im Zusammenhang mit den geometrischen Abmessungen des Meßobjekts und den Umgebungsbedingungen die Art des Schallfeldes abhängt, in dem gemessen wird (vgl. Bild 2-4).

Bei der *Nahfeldmessung* wird der Schalldruckpegel im Abstand von wenigen Zentimetern zu schallabstrahlenden Baugruppen (z. T. auch im Geräteinnern) ermittelt. Damit läßt sich die Suche nach Hauptgeräuschquellen unterstützen. Allerdings treten wegen der im Nahfeld vorliegenden Phasenverschiebung zwischen Schalldruck und Schallschnelle sowie weiterer Fehlerquellen größere Ungenauigkeiten auf, so daß diese Messung nur orientierende Aussagen liefert. Absolutwerte lassen sich im Nahfeld nicht bestimmen.

Messungen im Freifeld dienen vorzugsweise dem Ermitteln von Absolutwerten, wobei der Aufwand an Meßgeräten relativ gering bleibt. In der Praxis werden sie häufig als Relativmessungen zwischen zwei zu vergleichenden Zuständen durchgeführt. So ergibt sich zum Beispiel die Wirksamkeit einer konstruktiven Veränderung als Pegeldifferenz der Meßergebnisse vor und nach der Änderung. Dabei sind eventuelle Verschiebungen der Richtcharakteristik des Abstrahlverhaltens durch Anordnen mehrerer Meßpunkte um das Meßobjekt herum zu berücksichtigen, um Fehlinterpretationen zu vermeiden.

Das ist auch bei *Messungen im Hallfeld* notwendig. Allerdings gibt es dort hinsichtlich der zu untersuchenden Geräusche erhebliche Einschränkungen, da impulsartige oder tonale Geräusche zu Fehlmessungen führen können.

Neben der Art des Schallfeldes spielen die Aufstell- und Betriebsbedingungen der zu untersuchenden Geräte eine wichtige Rolle. Die Aufstellung soll auf massiven, nicht schwingenden Unterlagen (Betonfußboden, stabile Tische mit Filz- oder Gummimatten) erfolgen, um eine Verfälschung der Meßwerte zu vermeiden. Außerdem ist (besonders bei Relativmessungen) auf konstante Betriebsbedingungen (Netzspannung, Lastverhältnisse, mechanischer Zustand nach wiederholter Demontage, Einlaufdauer usw.) zu achten, damit keine falschen Schlußfolgerungen aus den Meßergebnissen gezogen werden.

4.2 Körperschallmessung

Von den im Bild 3-5 angeführten Körperschallkenngrößen werden in der Meßpraxis meist nur einige ermittelt und die übrigen dann auf rechnerischem Wege bestimmt. Häufig genügt das Messen der Schnelle, der Impedanz oder Admittanz und (in Sonderfällen) des Dämpfungsverhaltens, um ausreichende Informationen für die Lärmminderung zu erhalten. Deshalb sollen sich die weiteren Betrachtungen auf diese Größen beschränken.

Primäre Meßgröße für die Darstellung der Schnelle als eine der Bewegungsgrößen ist die Schwingbeschleunigung, die häufig mittels piezoelektrischer Beschleunigungsaufnehmer gemessen wird. Ein nachgeschalteter integrierender Meßverstärker ermöglicht das Bestimmen aller drei Bewegungsgrößen, von denen die Schnelle die wichtigste ist. Aus ihrer Kenntnis lassen sich Rückschlüsse auf die Anregungs-, Impedanz- und Abstrahlverhältnisse ziehen.

Wichtige Kriterien für den Einsatz piezoelektrischer Beschleunigungsaufnehmer (Bild 4-2) sind Masse, Frequenzgang und Befestigung auf dem zu untersuchenden Bauteil (Tabelle 4-1). Für die Feinwerktechnik sind Aufnehmer mit geringer Masse besonders geeignet (Tabelle 4-2), wobei jedoch die zusätzliche Massebelastung insbesondere bei leichten Bauteilen ($m_{Bauteil} < 50$ g) beachtet werden muß.

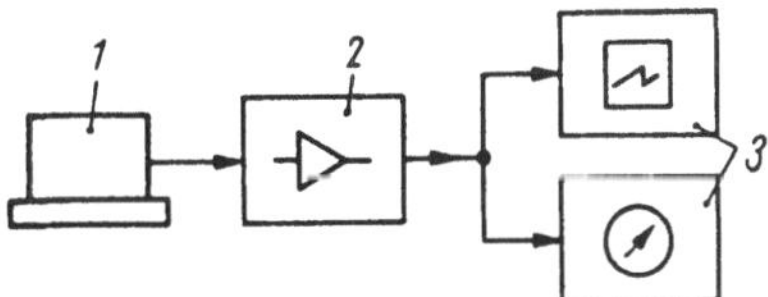

Bild 4-2. Schematischer Meßaufbau zur Ermittlung der Bewegungskenngrößen.

1 Beschleunigungsaufnehmer; 2 Meß- und Integrierverstärker; 3 Anzeige.

Tabelle 4-1. Einfluß der Befestigung piezoelektrischer Beschleunigungsaufnehmer auf den nutzbaren Frequenzbereich [40].

Befestigung	max. Frequenz in Hz		Vorteile	Nachteile
	senkrecht	parallel		
Taststift	1000	–	einfache Handhabung	kleiner Frequenzbereich
Haftmagnet	2000	600	einfache Handhabung	Masse des Magneten
Klebwachs bzw. Klebstoff	10 000 bis 20 000	300	einfaches und schnelles Befestigen und Lösen	Temperaturabhängigkeit, begrenzte Festigkeit
Stiftschraube	10 000 bis 20 000	3000	großer Frequenzbereich	ebene, glatte Oberfläche mit Gewindebohrung erforderlich

Tabelle 4-2. Daten einiger Beschleunigungsaufnehmer [39].

Typ	Masse g	Übertragungsfaktor $mV/(m/s^2)$	Frequenzbereich Hz	Schwingungs- richtung
KD 29	20	3	1 bis 20 000	senkrecht
KD 30	20	0,5	1 bis 14 000	senkrecht
KD 32	20	2	1 bis 18 000	senkrecht
KD 35	28	5	1 bis 14 000	senkrecht
KD 36	45	4	1 bis 8 000	senkrecht
KD 38	45	5	1 bis 14 000	senkrecht
KD 40	65	10	1 bis 5 000	senkrecht
KS 50	55	2	0,5 bis 16 000	senkrecht
KS 60	90	2,5	0,5 bis 14 000	senkrecht
KS 92	2,5	0,55	0,5 bis 30 000	senkrecht
KB 10	5	0,8	0,5 bis 7 000	senkr./parallel
KB 11	15	8	0,5 bis 1 000	senkr./parallel
KB 12	150	300	0,5 bis 100	senkrecht
KB 12V [1]	150	300	0,3 bis 100	senkrecht
KS 70 [1]	35	2,5	0,3 bis 18 000	senkrecht

[1] mit integriertem Impedanzwandler

T a b e l l e 4 - 3 gibt einen Überblick über weitere Möglichkeiten der Bewegungs-
messung.

Aus der Kenntnis der *Impedanz- oder Admittanzverhältnisse* lassen sich Aussagen
zum gerätespezifischen Körperschallfluß sowie über Resonanzen der Struktur
erlangen. Damit wird ein gezieltes Beeinflussen dieser Verhältnisse an wichtigen
Punkten (z. B. Ankoppelstellen körperschallintensiver Baugruppen) möglich.
Allerdings erfordern derartige Messungen einen hohen gerätetechnischen Aufwand
(B i l d 4 - 3). Kernstück eines solchen Meßplatzes ist ein Impedanzmeßkopf [20,
36], der aus einer mechanischen Reihenschaltung von piezoelektrischem Beschleu-
nigungs- und Kraftaufnehmer besteht. Das zu untersuchende Gerät bleibt dabei
passiv, d. h. der Körperschall wird als Prüfsignal (Gleitsinus, Rauschen) in einem
Schwingungserreger erzeugt und über den Meßkopf in die zu untersuchenden
Stellen der Struktur eingeleitet.

Eine *Dämpfungsmessung* ist zum Beurteilen der Ausbreitungsverhältnisse des
Körperschalls (vgl. Abschnitt 3.1) und zum Abschätzen der Wirksamkeit zusätzli-
cher Dämpfungsmaßnahmen nützlich und liefert Aussagen über den Verlustfaktor
η der interessierenden Bauteile.

Bei der überwiegenden Anzahl feinwerktechnischer Teile und Baugruppen kann
von einem Verlustfaktor $\eta = 0,01$ bis $0,05$ ausgegangen werden, der damit bereits

im Bereich des Optimums liegt. Konkrete Angaben lassen sich auch aus Tabellen entnehmen [11], jedoch bleiben bei diesen Werten eine Reihe von Einflüssen (Frequenz, Temperatur, Geräteeigenschaften o. ä.) unberücksichtigt.

Tabelle 4-3. Möglichkeiten der Messung von Bewegungskenngrößen[38].

Prinzip	direkt meßbare Bewegungs-kenngröße	Frequenzbereich Hz	wesentliche Eigenschaften	Nachteile
piezoelektrische Beschleuni-gungsaufnehmer	Schwingbe-schleunigung a	2 bis 20 000	handelsübliches Gerätesystem, unmittelbar anwendbar	Masse des Aufnehmers
Stereoschall-plattenabtastsy-steme	Schwingweg ξ	16 bis 16 000	gleichzeitige Registrierung zweier Schwin-gungsrichtungen	systemeigener Frequenzgang
Halbleiterdehn-meßstreifen	Schwingweg ξ Dehnung ε	0 bis 100 000	Kraft- und Wegmessung, statisch und dynamisch	Aufkleben, keine Wieder-verwendbarkeit
induktive Aufnehmer	Schwingweg ξ	0 bis 10 000	hohe Empfind-lichkeit, bei ferromagneti-schen Werk-stoffen berüh-rungslos	große Masse des FE-Kerns, Nichtlinearität
kapazitive Aufnehmer	Schwingweg ξ	bis 100 000	hohe Empfind-lichkeit, rück-wirkungsfrei	Fläche der Kapazität, Nichtlinearität
optische Aufnehmer	Schwingweg ξ	über 100 000	rückwirkungs-frei	u.U. schlechte Zugänglichkeit der Meßkante im Gerät

Die in bestimmten Ausnahme- und Zweifelsfällen (z. B. bei größeren Gehäusen) erforderlichen genaueren Aussagen über den Verlustfaktor und damit die Dämpfungseigenschaften können nur auf meßtechnischem Wege gewonnen werden, z. B. über die Messung der *Halbwertbreite* Δf [6]. Dazu wird das Prüfobjekt mit einem geeigneten System (Schwingungserreger) angeregt, d. h. an einem Koppelpunkt (Befestigungsstelle einer Baugruppe, Gehäusefuß o.ä.) erfolgt die Einspeisung eines sinusförmigen Bewegungssignals. Das eigentliche Meßsignal wird an dem Bauteil abgenommen, dessen Verlustfaktor interessiert, z. B. an einer Gehäusewand.

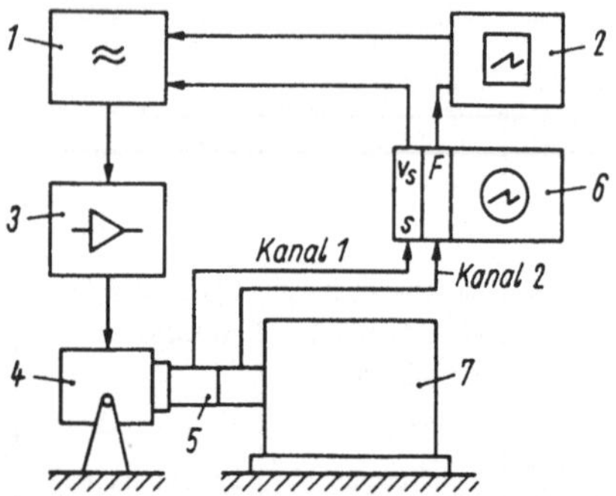

Bild 4-3. Gerätekombination zum automatisierten Messen mechanischer Impedanzen $z = F/v_s$, Admittanzen $h = v_s/F$ und Übertragungsfaktoren $ü = v_s/v_0$.

1 amplitudengeregelter Signalgenerator; 2 Pegelschreiber; 3 Leistungsverstärker; 4 Schwingungserreger;
5 Impedanzmeßkopf; 6 Meßverstärker; 7 Meßobjekt.

Durch Variieren der Erregerfrequenz im Bereich der unter Betriebsbedingungen auftretenden Frequenzen muß mindestens eine deutliche Resonanz mit einer sauberen Sinusform des Meßsignals gesucht werden. In deren Umgebung läßt sich der Verlustfaktor nach Messen der beiden Frequenzen f_+ und f_-, bei denen die Amplitude um 3 dB gegenüber dem Resonanzfall abgesunken ist, mit Hilfe der Beziehung

$$\eta(f_0) = \frac{f_+ - f_-}{f_0} \tag{4.1}$$

berechnen. Wegen der erforderlichen Genauigkeit ist der Einsatz digitaler Meßgeräte zu empfehlen. Die Signalform ist mit einem Oszilloskop kontrollierbar; ein zu großer Klirrfaktor kann zu völlig falschen Ergebnissen führen (bis Faktor 10). Bild 4-4 zeigt den schematischen Meßaufbau.

Zum Beurteilen von Impedanzverhältnissen sowie bei der Berechnung des optimalen Verlustfaktors η_{opt} muß die Biegewellenlänge λ_B bekannt sein. Besonders bei Kunststoffen, deren E-Modul und Dichte größeren Schwankungen unterliegen, gibt es deshalb nur selten genaue Angaben dieser Werkstoffdaten. Das erschwert ihr Verwenden in den entsprechenden Gleichungen aus Bild 3-5. Durch einen einfachen Versuch lassen sich einige Kenngrößen der Körperschallausbreitung platten- oder stabförmiger Halbzeuge ermitteln. Man benötigt dazu lediglich einen Streifen des Halbzeugs oder Werkstoffes von etwa 0,3 bis 1 m Länge mit konstantem

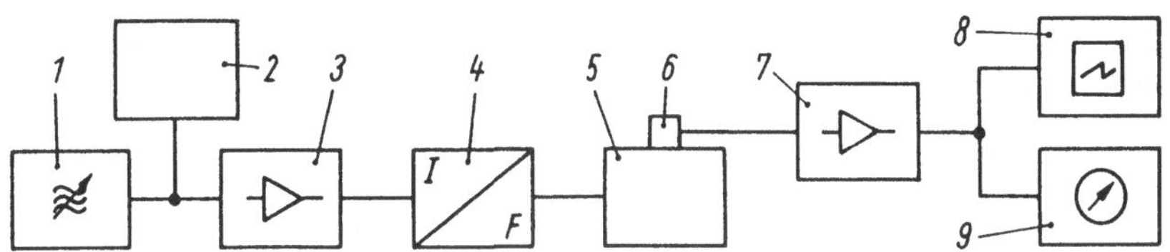

Bild 4-4. Meßaufbau zum Bestimmen von Dämpfungsgrößen durch Halbwertbreitenmessung.

1 Sinusgenerator; 2 digitaler Frequenzzähler; 3 Leistungsverstärker (entfällt bei Stoßanregung); 4 Erreger;
5 Prüfobjekt; 6 Aufnehmer; 7 Meßverstärker; 8 Oszilloskop; 9 Anzeige.

rechteckigem Querschnitt. Ohne die Werkstoffdaten direkt zu bestimmen, können bei beiderseitig freier Auflage aus der statischen Durchbiegung x infolge der Eigenmasse die Ausbreitungsgeschwindigkeit c_B bzw. c_L der Biege- bzw. Longitudinalwelle und daraus die Wellenlängen λ_B bzw. λ_L errechnet werden:

Biegewellenlänge

$$\lambda_B \approx 8{,}43 \cdot \frac{l}{\sqrt[4]{x \cdot f^2}} ; \tag{4.2a}$$

Longitudinalwellenlänge

$$\lambda_L \approx 39\,150 \cdot \frac{l^2}{h \cdot \sqrt{x \cdot f}} ; \tag{4.2b}$$

h Dicke, l Länge des Streifens; λ_L, λ_B in m; l in m; h, x in mm; f in Hz.

Diese Beziehungen sind für eine Abschätzung verwendbar, wenn sich der dynamische E-Modul des Werkstoffs in der Größenordnung des statischen bewegt, z. B. bei Metallen sowie bei Kunststoffen im amorphen und glasartigen Zustand.

4.3 Messung von Stoßkenngrößen

Stoßvorgänge bilden in vielen Geräten die dominierende Geräuschquelle. Um Stoßgeräusche wirksam bekämpfen zu können, ist neben der Kenntnis konstruktiver Parameter (Werkstoffe, Geometrie der Stoßflächen, Masse der Stoßteile) eine Analyse des Kraft-Zeit-Verlaufes $F(t)$, des Auftreffimpulses I_A und des Stoßfaktors K notwendig [13].

● **Kraft-Zeit-Verlauf** $F(t)$

Die Messung des Kraft-Zeit-Verlaufes, durch den das anregende Spektrum charakterisiert wird, erfordert eine Meßstrecke, die eine hohe Dynamik aufweist und

Signale in einem breiten Frequenzbereich (20 Hz bis etwa 20 kHz) übertragen kann. Von der Vielzahl üblicher Kraftmeßfühler erfüllt der piezoelektrische Beschleunigungsaufnehmer diese Anforderungen am besten [37]. Dabei wird das Bestimmen der Kraft über eine Beschleunigungsmessung realisiert:

$$F(t) = m^* \cdot a(t); \qquad\qquad\qquad\qquad (4.3)$$

m^* reduzierte (wirkende) Masse an der Stoßstelle.

Eine Reihe von Aufnehmern hat sich hier besonders bewährt, vgl. Tabelle 4-2. Sie sollen möglichst nahe der Berührungsstelle mittels Klebwachs oder Stiftschraube am Stoßteil befestigt werden. Am zugehörigen Meßgerät (vgl. Tabelle 4-4) ist die maximale Stoßbeschleunigung ablesbar. Für die Auswertung des Kraftverlaufs kurzer Stoßvorgänge empfiehlt sich das zusätzliche Verwenden eines Speicheroszilloskops oder Transientenspeichers.

● **Auftreffimpuls I_A**

Bei einigen feinwerktechnischen Wirkprinzipien (z. B. Drucken oder Stanzen) sind bestimmte Stoßenergien oder -impulse notwendig. Der Auftreff- oder Aufprallimpuls ist aber gleichzeitig ausschlaggebend für die Geräuschanregung, vgl. dazu Gl. (3.5). Die Ermittlung von I_A reduziert sich auf eine Messung der Stoßgeschwindigkeit v_1:

$$I_A = m_1 \cdot v_1; \qquad\qquad\qquad\qquad (4.4)$$

m_1 stoßende Masse, entspricht reduzierter Masse an der Stoßstelle.

Für vergleichende Untersuchungen ist es ausreichend, die Stoßgeschwindigkeit über das Messen der Bewegungszeit t_s des Stoßteils kurz vor dem Aufprall, z. B. zwischen zwei Lichtschranken mit definiertem Abstand, zu ermitteln. Zur Zeitmessung eignet sich jeder Digitalzähler oder ein Kurzzeitmeßgerät.

● **Stoßfaktor K**

Der Stoßfaktor ist ein komplexer Ausdruck für die Verluste an einer Stoßstelle. Er läßt sich ermitteln durch Messen der Aufprallgeschwindigkeit v_1 und der Rückprallgeschwindigkeit v_1' des Stoßteils oder einfacher durch einen Fallversuch, indem man die Fallhöhe h und die Rücksprunghöhe h' einer Kugel (Material des stoßenden Teils) mißt, die auf das zu untersuchende Material (gestoßener Körper) fällt [13]:

$$K = \frac{|v_1'|}{|v_1|} = \frac{|\sqrt{2g \cdot h'}|}{|\sqrt{2g \cdot h}|} = \sqrt{\frac{h'}{h}}; \qquad\qquad (4.5)$$

g Fallbeschleunigung.

Dabei ist wichtig, daß das gestoßene Material auf einer ebenen, schweren und steifen Unterlage liegt. Da der Stoßfaktor für eine Werkstoffpaarung keine konstante Größe ist, sollte er unter Bedingungen bestimmt werden, die dem Einsatzfall bezüglich Masse, Geschwindigkeit usw. nahekommen. Generell ist bei allen Stoßuntersuchungen zu berücksichtigen, daß kein plastisches Verformen der Stoßteile auftreten darf. Die dabei gewonnenen Ergebnisse wären sonst bezüglich der Geräuschuntersuchungen fehlerhaft.

● Luftschallmessung bei Stoßvorgängen

Für vergleichende Untersuchungen lassen sich vorteilhaft Luftschallmessungen anwenden. Dadurch ist die Wirkung von Veränderungen an der Stoßstelle komplex erfaßbar. Voraussetzung ist die Verfügbarkeit eines Schallpegelmessers mit Impulsbewertung, in dem der angezeigte Pegel zum Ablesen gespeichert wird (s. Tabelle 4-4). Bewährt haben sich Nahpegelmessungen mit einem Mikrofonabstand $r = 20$ bis 30 cm zur Stoßstelle. Die dabei meßbaren Schallpegelwerte sind so hoch, daß sie kaum durch Störgeräusche beeinflußt werden.

4.4 Analysemethoden

Neben dem Gewinnen von Meßgrößen ist die Vorgehensweise beim Durchführen von Messungen sowie die Analyse der Meßgrößen von Bedeutung. Im folgenden sollen die wichtigsten der dabei angewendeten Methoden vorgestellt werden.

● Selektiver Betrieb

Das selektive Betreiben einzelner Baugruppen bei gleichzeitigem Messen des Schallpegels ermöglicht Aussagen über deren Anteil am Gesamtgeräusch und damit das Auffinden von Schwerpunkten für die Lärmminderung. Infolge der funktionellen Verknüpfung in den Geräten ist dabei so vorzugehen, daß einzelne Geräuschquellen der mechanischen Übertragungsstrecke schrittweise rückwärts bis zum Antriebselement außer Betrieb gesetzt werden. Der Geräuschanteil der jeweils außer Betrieb gesetzten Baugruppen läßt sich aus der Pegeldifferenz (s. Tabelle 2-1) ermitteln.

Der Einfluß passiver Baugruppen (Gehäuse, Verkleidungsteile usw.) kann ebenfalls mit dieser Methode untersucht werden. Im B i l d 4 - 5 ist z. B. das Schalldruckspektrum eines Haushaltgerätes (Allesschneider) mit und ohne Gehäuse dargestellt (s. auch Abschnitt 8).

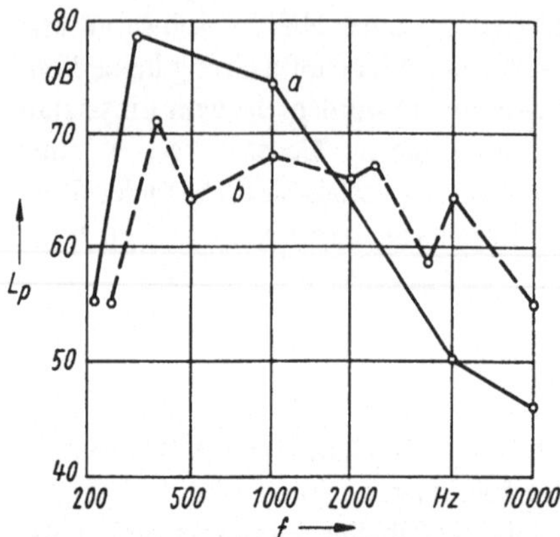

Bild 4-5. Schalldruckpegel eines Haushaltgerätes.

a mit Gehäuse; b ohne Gehäuse.

● Auswertung des Zeitverlaufs

In vielen Fällen kann das Zuordnen des zeitlichen Pegelverlaufs zum Ablauf von einmaligen oder periodischen Bewegungen eine Aussage über die wichtigsten Geräuschursachen liefern. Dazu wird der gemessene und registrierte Pegelverlauf $L_p(t)$ mit dem im gleichen Zeitmaßstab dargestellten Bewegungsablauf verglichen.

Periodische Vorgänge können grundsätzlich auf die gleiche Weise untersucht werden, wobei die Verwendung eines elektronischen "Zeitfensters" sinnvoll ist [8].

● Frequenzanalyse

Ebenso wie aus dem zeitlichen Verlauf des Schallpegels lassen sich aus der spektralen Zusammensetzung des Geräusches Rückschlüsse auf die verschiedenen Ursachen ziehen. Das Grundprinzip der Frequenzanalyse besteht ebenfalls darin, eine Zuordnung zwischen den im System auftretenden Pegelspitzen und den entsprechenden Gerätefunktionen oder -baugruppen zu finden. Typische Beispiele dafür sind die Drehfrequenz rotierender Teile und die Zahneingriffsfrequenz bei Zahnradgetrieben. Die Kenntnis der spektralen Zusammensetzung ist aber auch für die optimale Auslegung von Minderungsmaßnahmen (z. B. Dimensionieren von Dämpfungselementen oder Kapseln) notwendig.

Zum Messen des Frequenzspektrums dienen elektronische Filter (Bandpässe). Je nach Bandbreite werden Oktav-, Terz- oder Schmalbandfilter unterschieden. Bei Oktav- und Terzfiltern ist das Verhältnis von oberer zu unterer Grenzfrequenz konstant, und die Bandmittenfrequenz kann in genormten Schritten umgeschaltet werden. Beide Filterarten eignen sich zur groben Geräuschanalyse und geben einen Überblick über die spektrale Zusammensetzung. Für genauere Analysen, insbesondere zum Untersuchen tonaler Komponenten, müssen Schmalbandfilter verwendet werden, die entweder mit einer konstanten relativen Bandbreite (z. B. $\Delta f/f = 1,5\ \%$) oder einer konstanten Absolutbandbreite (z. B. $\Delta f = 3$ Hz) ausgestattet sind und sich im interessierenden Frequenzbereich kontinuierlich durchstimmen lassen. Handelsübliche Geräte ermöglichen die Frequenzanalyse kontinuierlicher Signale problemlos. Soll jedoch das Spektrum einmaliger Impulse ermittelt werden, so sind die bei jeder Analysierfrequenz gemessenen Werte aufgrund der unterschiedlichen Einschwingzeiten der Filter zu korrigieren [37 bis 40].

4.5 Meßgeräte

In den letzten Jahren hat sich auf dem Gebiet der Schall- und Schwingungsmeßtechnik eine rasche Entwicklung vollzogen. T a b e l l e 4 - 4 enthält Angaben zu ausgewählten Geräten [38].

Tabelle 4-4. Meßgeräte der Schall- und Schwingungsmeßtechnik [38].
L_{pAeq} energieäquivalenter A-Schalldruckpegel; L_{pAmax} maximaler A-Schalldruckpegel; L_{pAT3m}, L_{pAT5m} Mittelungspegel A-bewertet/Anzeige Fast/Taktzeit 3 s, 5 s; *SEL* Schallereignispegel.

---

1. Schalldruckmeßgeräte

1.1. *Digitaler Schallpegelmesser* CEL-254 nach DIN IEC 651 (Typ 2)

Vorzugsweise für orientierende Messungen im Arbeits- und Gesundheitsschutz; Meßbereich 30 bis 135 dB(A) in zwei sich überlappenden Bereichen von 70 dB Dynamik; besitzt alle genormten Anzeigedynamiken, die Frequenzbewertungen A und C sowie Maximalwertspeicher und DC/AC-Ausgang zum Anschluß peripherer Geräte.
Abmessungen in mm: $158 \times 70 \times 21$; Masse: rd. 200 g.

1.2. *Integrierender Schallpegelmesser* CEL-383 nach DIN IEC 651 und DIN IEC 804 (Typ 2)

Meßbereich von 20 bis 140 dB(A) in drei sich überlappenden Bereichen von 60 dB Dynamik; besitzt alle genormten Anzeigedynamiken sowie die Frequenzbewertungen A und linear; Schalldruckpegel L_p wird digital und analog angezeigt; simultane Meßwertermittlung von L_{pAeq}, L_{pAmax}, L_{pAT3m}, L_{pAT5m}, *SEL* und Erfassung der abgelaufenen Meßzeit bei wahlweiser digitaler Anzeige; mit Pause und Resetfunktion sowie DC/AC-Ausgang, wahlweise mit Schnittstelle RS 232; Anschlußmöglichkeit für externe Filter, bauartgeprüft, zur Eichung zugelassen.
Abmessungen in mm: $284 \times 79 \times 31$; Masse: rd. 800 g.

Tabelle 4-4. (Fortsetzung)

1.3. *Integrierender Präzisions-Schallpegelmesser* CEL-275 nach DIN IEC 651 und DIN
      IEC 804 (Typ 1), mit 1/2"-Kondensatormikrophon

Bauartgeprüft; eichfähig, zur Qualitätsprüfung und für rechtsverbindliche Messungen im
Geschäftsverkehr; entspricht im technischen Aufbau, in Abmessungen und Masse dem Gerät
CEL-383.

2.   Filter für Schallpegelmesser

2.1. *Terz-Oktav-Filter* CEL-296

Entspricht IEC 225; mechanisch und elektrisch koppelbar mit Hand-Schallpegelmessern
CEL-275 und CEL-383.
Frequenzanalyse von Schall und Schwingungen im Mittenfrequenzbereich 6,3 Hz bis
20 kHz; durch digitale Schnittstelle RS 232 und nichtflüchtigen Datenspeicher ist automati-
sche Analyse mit Spektrenspeicherung möglich; digitale Anzeige der Mittenfrequenz und des
zugehörigen Pegels.
Abmessungen in mm: 120 × 79 × 31; Masse: rd. 600 g.

2.2. *Schmalbandfilter* CEL-288

Entspricht IEC 225; 4 % oder 23 % konstante relative Bandbreite wählbar; in Verbindung
mit Hand-Schallpegelmessern CEL-275 und CEL-383 mit Schwingungs-Meßzusatz CEL-
3025 gut zur orientierenden Schwingungsanalyse geeignet; über Schnittstelle RS 232 digitale
Filtersteuerung.
Abmessungen in mm: 120 × 79 × 31; Masse: rd. 600 g.

3.   Analysatoren

Durch zunehmende Bauelementeintegration werden umfangreiche Meßplätze von früher auf
ein komplexes Meßgerät reduziert, das allein mit dem Meßgrößenwandler alle Aufgaben der
Meßwerterfassung, -analyse, -verarbeitung und -speicherung ermöglicht.

3.1. *Schallintensitätsanalysator* SIA 301

Zweikanalgerät; entspricht IEC-Entwurf für Schallintensitätsmesser von 1991 und allen
einschlägigen IEC- und DIN-Normen für Präzisions-Schallpegelmesser und Terz-Oktav-
Filter; vorzugsweise für Messungen der Schalleistung von Maschinen und Geräten im ge-
störten Schallfeld sowie zur Lärmquellenortung; digitale und analoge Anzeige der Schalldruckpegel (Frequenzbereich 20 Hz bis 12,5 kHz), des Schallintensitätspegels (Frequenzbereich 20 Hz bis 7,2 kHz) oder ihrer jeweiligen spektralen Pegel; Meßbereich von 20 bis
140 dB in vier sich überlappenden Bereichen von 60 dB Dynamik.
Abmessungen in mm: 225 × 100 × 250; Masse: rd. 4 kg mit interner Batterie.

Tabelle 4-4. (Fortsetzung)

3.2.   *Schallpegelanalysator* SLA 301

Entspricht allen einschlägigen IEC- und DIN-Normen für Präzisions-Schallpegelmesser und
Filter; als Zweikanalgerät u. a. zweckmäßig für Schalldämmungsmessungen sowie für Ver-
gleichskalibrierung von Mikrophonen; Meßbereich 20 bis 140 dB(A) in vier Bereichen von
60 dB Dynamik manuell umschaltbar; Frequenzbewertung und -analyse A, B, C, D und 30
Terzen im Bereich 20 Hz bis 12,5 kHz; Zeitbewertung S, F, I, Spitze; Mittelungszeiten 1 s
bis 99 h für Langzeitmessungen; Anzeige u.a. von L_p, L_{pA}, L_{pAeq}, L_{pAmax}, L_{pAT3m},
L_{pAT5m}, *SEL*, Lärmdosis, Überschreitungspegel, Klassen- und Summenhäufigkeit nach
Abruf; Echtzeit-Frequenzanalyse; Schnittstelle RS 232 vorhanden; FFT-Analyse (FFT Fast-
Fourier-Transformation) und Nachhallzeitmessung als Option.
Abmessungen in mm: 225 $\times$ 100 $\times$ 250; Masse: rd. 4 kg mit interner Batterie.

3.3.   *Schwingungsanalysator* VA 301

Vierkanalgerät zur Messung der Schwingungsgrößen Beschleunigung, Geschwindigkeit und
Weg, von Lagerschwingungen nach DIN 45 666 und zur Diagnose des Schadenzustandes
von Wälzlagern, Piezo-Beschleunigungsaufnehmer anschließbar; Meßbereich 0,05 bis 5 000
m/s^2 im Frequenzbereich 2 Hz bis 16 kHz; jeweils acht Hoch- und Tiefpässe einschaltbar;
Speicherung von Schwingungsvorgängen in Echtzeit, Frequenzanalyse durch FFT; Schnittstelle RS 232 vorhanden.
Abmessungen in mm: 225 $\times$ 100 $\times$ 250; Masse: rd. 4 kg mit interner Batterie.

3.4.   *Signalanalysator* SA 301

Multifunktionsgerät als Zweikanal-Meßplatz mit internem kompletten Rechner 386 für Schall
und Schwingungen sowie zur Untersuchung nichtelektrischer dynamischer Vorgänge im
Frequenzbereich 0,2 Hz bis 20/200 kHz; technische Daten für Präzisions-Schallpegelmesser
und Filter entsprechen DIN IEC; Gerät ermöglicht zudem Schallintensitätsmessung, Tran-
sientenaufzeichnung, Echtzeit-Terz-Oktav-Analyse, FFT-Analyse, beliebige Signalerzeugung
zur Anregung von Systemen und Nachverarbeitung gespeicherter Signalverläufe durch z. B.
Trackinganalyse; Stromversorgung durch Netz oder Batterie möglich.
Abmessungen in mm: 480 $\times$ 210 $\times$ 380; Masse: 18,5 kg.

---

4.   Meßzubehör, Ergänzungsgeräte, Kalibratoren

4.1.   *Meßzubehör*

Für Schall- und Schwingungsmeßgeräte kommen als Signalwandler 1/2"- und 1/4"-Kon-
densatormikrophone und beliebige Piezo-Beschleunigungsaufnehmer in Frage. Zur näheren
Untersuchung an Einzelteilen oder Baugruppen, z. B. des Strukturverhaltens oder für Impe-
danzmessung, sind Ergänzungsgeräte notwendig.

4.2.   *Elektrodynamischer Schwingungserreger* 11076

Als Körperschallsender zur Schwingungsanregung im Frequenzbereich 15 Hz bis 9 kHz;
maximale horizontale Last beträgt 3 kg.

Tabelle 4-4. (Fortsetzung)

4.3.   *Piezo-Kraftaufnehmer* KF 24

Aufnehmer zur Messung dynamischer Kräfte bis max. 2 000 N bei Übertragungsfaktor von 250 mV/N (Firma Metra − Meß- und Frequenztechnik Radebeul GmbH [39]).

4.4.   *Pistonfon* 05001

Präzisionsschallquelle zur Kalibrierung von Schallpegelmessern und kompletten akustischen Meßplätzen; Kalibrierpegel (124 ± 0,3) dB ermöglicht maximalen Störabstand.

4.5.   *Akustischer Kalibrator* CEL-284/2

Präzisionsschallquelle bei 1 000 Hz; Kalibrierpegel (114 ± 0,3) dB.

4.6.   *Schwingungskalibrator* VC 310

Zur Vergleichskalibrierung von Schwingungsaufnehmern bei der Festfrequenz $\omega = 500\ \mathrm{s}^{-1}$ und zur Kalibrierung kompletter Schwingungsmeßplätze; Kalibriergrößen a, v, s sind abhängig von Aufnehmermasse (bis 1000 g); Toleranz der Kalibrierbeschleunigung ± 3 % bzw. ± 1,5 % (mit Werksgarantieschein).

Anmerkung: Neben der Frequenzbewertung (A-, B-, C-, D-Bewertung) haben Schallpegelmesser eine in drei Stufen (S slow, F fast, I Impuls) einstellbare Zeitbewertung. Damit läßt sich die Anzeigedynamik des Instruments an den zeitlichen Verlauf bzw. die spektrale Zusammensetzung des zu messenden Geräusches anpassen. Am häufigsten werden die Bewertungen S (Integrationszeit von 1000 ms, annähernde Mittelwertbildung bei nahezu gleichförmigen Geräuschen) und I (Integrationszeit von 35 ms, notwendig bei impulshaltigen Geräuschen) verwendet.

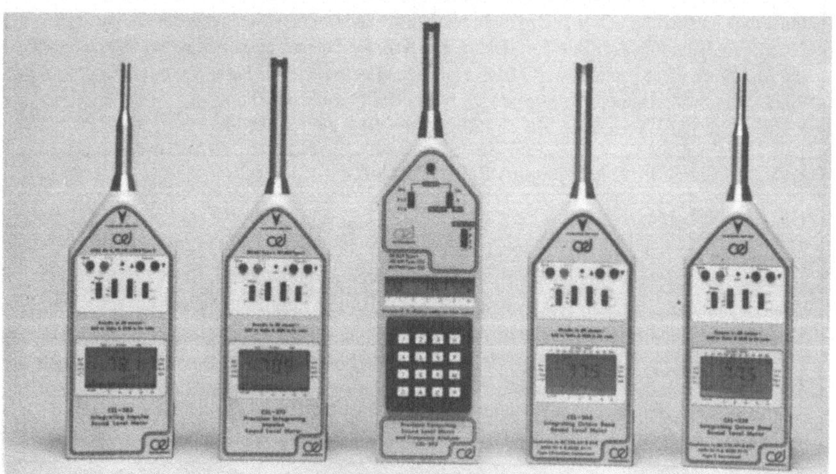

Integrierende Schallpegelmesser nach DIN IEC 651, Typ 1 und Typ 2.

Werkfoto: Lucas CEL Instruments Ltd. [38].

5 Grundregeln der Lärmminderung

Das Bearbeiten von Aufgaben der Lärmminderung erfordert in den meisten Fällen eine gründliche Analyse des Geräuschverhaltens, die zielgerichtete, akustisch günstige Dimensionierung der Bauelemente und Baugruppen sowie vergleichende meßtechnische Untersuchungen verschiedener konstruktiver Varianten, um optimale Ergebnisse zu erreichen. Ungeachtet dessen hat es sich als zweckmäßig erwiesen, verallgemeinerungsfähige Erkenntnisse in Form einfacher Regeln zu formulieren, deren Kenntnis und Beachtung oftmals bereits einen wichtigen Beitrag zur Konstruktion lärmarmer Produkte leisten können. Solche Regeln sind insbesondere dazu geeignet, in den ersten Phasen einer konstruktiven Entwicklung grobe Fehler zu vermeiden. Dem im Hinblick auf die Lärmminderung unerfahrenen Konstrukteur dienen sie außerdem als Orientierung und erleichtern zugleich das Einarbeiten in die gesamte Problematik.

Im folgenden werden die wichtigsten der aus den vorangegangenen Abschnitten herzuleitenden Regeln zusammengestellt und durch Hinweise ergänzt. Im Abschnitt 6 sind sie in die Form von Berechnungs- und Dimensionierungsrichtlinien umgesetzt.

5.1 Allgemeine Regeln

Die in Tabelle 5-1 angeführten allgemeinen Regeln beziehen sich in erster Linie auf die Vorgehensweise bei der Entwicklung und Konstruktion lärmarmer Produkte. Sie sind deshalb besonders wichtig, weil sich ihre Mißachtung später nicht mehr korrigieren läßt oder zumindest zu einem erheblichen Anwachsen des Aufwandes führt.

Tabelle 5-1. Allgemeine Regeln der Lärmminderung [8, 13, 30, 41, 42].

Regel	Erläuterungen
① Die Hersteller sind verpflichtet, für ihr Produkt das Einhalten von Best- oder Zielwerten der Geräuschemission zugrunde zu legen!	Best- oder Zielwerte der Geräuschemission sind Werte, die sich am internationalen Höchststand von Wissenschaft und Technik orientieren und dem jeweiligen Erkenntnisstand sowie den technisch-ökonomischen Möglichkeiten der Lärmminderung entsprechen.

Tabelle 5-1. (Fortsetzung)

Regel	Erläuterungen
② Bei der Entwicklung und Konstruktion von Produkten darf die Lärmminderung nicht als separate Aufgabenstellung betrachtet werden, sondern muß in jede Phase des konstruktiven Entwicklungsprozesses integriert sein!	Die gesonderte Betrachtung der Lärmminderung würde zu einem absoluten Vorrang der Gerätefunktion führen und dazu, daß der Aufwand für dann im Nachhinein notwendige Maßnahmen steigt.
③ Die Lärmminderung muß bereits bei der Wahl des Verfahrensprinzips (Wirkprinzips) für die Gerätefunktion [13, 15] beginnen!	Beispiele dafür sind der Ersatz mechanischer durch elektronische Bauelemente für informationsverarbeitende Baugruppen, die Anwendung von Schrittmotoren zum Realisieren von beliebigen Bewegungsabläufen an Stelle von Schrittmechanismen, das Ablösen des Typendruckes durch Thermo- oder Tintenstrahldruck, die Verwendung von Magnetbändern oder Disketten statt Lochstreifen usw. Dabei sind jedoch stets die technisch-ökonomischen Randbedingungen zu beachten.
④ Parallel zum Erarbeiten der aus dem Verfahrensprinzip abzuleitenden Funktionsstruktur und des technischen Prinzips eines Gerätes [13, 15] sind die wichtigsten Anregungsstellen, Übertragungswege und Abstrahlflächen in Form eines Schallflußbildes (s. Abschnitt 7 und Bild 8-5) aufzuzeichnen und zu optimieren!	Beim Aufstellen des Schallflußbildes lassen sich Erfahrungen und Vergleiche mit ähnlichen Geräten, evtl. vorliegende Meßergebnisse und Erkenntnisse aus dem Studium von Beispiellösungen mit heranziehen.
⑤ Beim Festlegen von Lärmminderungsmaßnahmen ist die Orientierung auf das Bekämpfen der Geräuschentstehung (aktive Lärmminderung) vorrangig!	Geräusche lassen sich am wirksamsten und sehr ökonomisch an ihrer Quelle bekämpfen. Die Minderung einmal entstandener Geräusche (passive Lärmminderung) sollte hauptsächlich auf funktionsbedingte Geräusche beschränkt bleiben.
⑥ Maßnahmen der Lärmminderung sind in erster Linie an solchen Baugruppen anzusetzen, die den Gesamtpegel des Gerätes bestimmen!	Geräuschmäßig dominierende Baugruppen liegen mit ihrem anteiligen Schallpegel um 5 dB oder mehr über dem der anderen Baugruppen. Sind derartige Baugruppen nicht vorhanden, so müssen sich die Maßnahmen der Lärmminderung auf alle Baugruppen erstrecken. Dabei ist immer zu beachten, daß die Senkung des Geräuschpegels einer oder mehrerer Baugruppen entsprechend der Pegelrechnung wenig Erfolg bringt, solange es noch andere Baugruppen mit größerem Pegel gibt.

5.2 Regeln zum Vermindern der Körperschallanregung

Das Senken der Körperschallanregung als eigentliche aktive Lärmminderung (vgl. Regel ⑤ in Tabelle 5-1) bildet bei den meisten Geräten den Schwerpunkt für das Verbessern des Geräuschverhaltens und ist dementsprechend mit der nötigen Sorgfalt durchzuführen. Abhängig von den jeweiligen Anregungsvorgängen kann kontinuierlicher (harmonischer und stochastischer) sowie diskontinuierlicher (meist impulsförmiger) Körperschall entstehen. Diese beiden unterschiedlichen zeitlichen Verläufe des Körperschalls erfordern auch unterschiedliche Maßnahmen zu seiner Bekämpfung. Das findet seinen Niederschlag in den in T a b e l l e 5 - 2 formulierten Regeln.

Tabelle 5-2. Regeln zum Vermindern der Körperschallanregung [8, 11, 13, 24, 26, 41].

Regel Erläuterungen	Lösung	
	ungünstig	günstig
① *Funktionsnotwendige Kräfte sind nicht größer als unbedingt erforderlich zu wählen!* Das Minimieren der Betriebskräfte hat zur Folge, daß nur ein technisch begründetes Mindestmaß an Körperschall entstehen und in Luftschall umgewandelt werden kann. Gleichzeitig werden Energieökonomie und Lebensdauer des Gerätes verbessert.		
② *Die Drehzahl rotierender Bauteile soll so niedrig wie möglich liegen!* Die Körperschallanregung durch Unwuchten wächst progressiv mit der Drehzahl. Das Senken der Drehzahl auf die Hälfte bewirkt ein Vermindern der Unwuchtanregung auf ein Viertel (um 12 dB). Die Anregung rechts im Bild beträgt bei gleicher Unwucht nur noch $(3\,000/20\,000)^2$, d.h. 2 % gegenüber der links dargestellten Variante.	$n_M = 20\,000\ U \cdot min^{-1}$	$n_M = 3\,000\ U \cdot min^{-1}$

Tabelle 5-2 (Fortsetzung).

Regel Erläuterungen	Lösung	
	ungünstig	günstig
③ *Druch geringe Änderung tonaler Anregungsfrequenzen (Drehzahl, Zahneingriffsfrequenz) oder der Bauteilgeometrie kann die Übereinstimmung mit Biegeeigenfrequenzen vermieden werden!* Die aufgrund von Resonanzüberhöhungen entstehenden hohen Geräuschpegel treten infolge ihrer Schmalbandigkeit besonders störend in Erscheinung. Die ungünstige Lösung zeigt das Anregen einer Platte durch die Drehzahl n in einem Gebiet geringer Impedanz (starkes Mitschwingen). Durch Drehzahländerung $\pm \Delta n$ wird ein besseres akustisches Verhalten erreicht.		
④ *Die Zeitfunktion periodischer Betriebskräfte ist so zu gestalten, daß Anstieg und Krümmung möglichst klein sind!* Das Minimieren der ersten und zweiten (ggf. auch höheren) Ableitungen der Zeitfunktion bewirkt eine Lärmminderung bei höheren Frequenzen ab einigen hundert Hertz. Aus dem gleichen Grund sollen z.B. die Bewegungsgesetze von Kurvengetrieben bis zur 3. Ableitung stetig sein [16].		
⑤ *Mehrere unabhängig voneinander wirkende Anregungsvorgänge sind zeitlich zu versetzen!* Zwei gleiche Anregungsvorgänge, die zeitlich gestaffelt sind, z.B. versetzte Lochstempel, weisen einen um 3 dB niedrigeren Spitzenpegel auf als bei gleichzeitigem Ablauf.		

Tabelle 5-2 (Fortsetzung).

Regel Erläuterungen	Lösung	
	ungünstig	günstig
⑥ *Eine zeitliche Dehnung des Anregungsvorganges bewirkt eine stetigere Kraftübernahme und damit einen geringeren Körperschallpegel!* Eine zeitliche Dehnung läßt sich durch das Schrägungsprinzip erreichen. Schrägverzahnte Getriebe laufen im allgemeinen ruhiger als geradverzahnte; Stanznadeln mit Dachschliff (Bild) arbeiten leiser als solche mit senkrechter Schnittfläche [18].	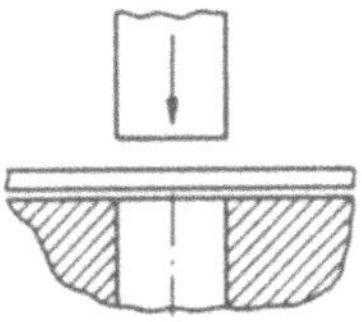	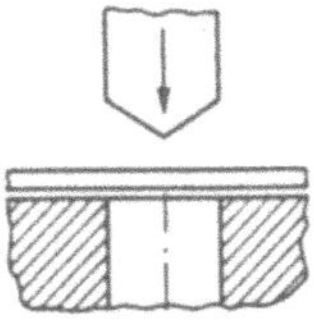
⑦ *Hohe Präzision bei Herstellung und Montage sowie Spielfreiheit durch elastische Bauweise tragen zur Lärmminderung bei!* Oberflächenrauheiten sowie Form- und Lageabweichungen an Laufflächen (Bild), Spiel, Unwuchten u.ä. führen zum Auftreten nicht funktionsnotwendiger Kräfte und damit zu Körperschallanregung.	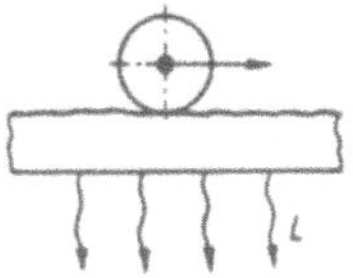	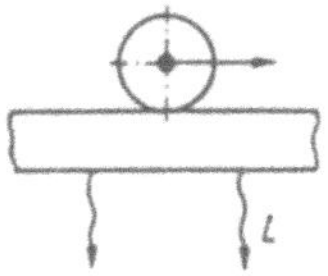
⑧ *Zum Realisieren von Übertragungs- und Stützfunktionen sind vorzugsweise elastische und/oder dämpfende Bauteile einzusetzen!* Zahnriemengetriebe (Bild) sind günstiger als Zahnrad- oder Kettengetriebe; Gleitlager laufen in der Regel leiser als Wälzlager [16, 17].	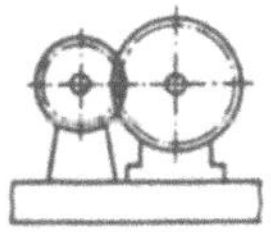	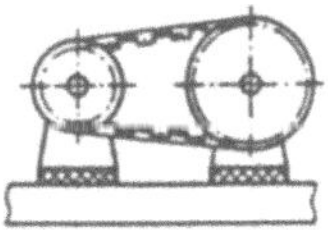
⑨ *Nicht funktionsnotwendige Stoßstellen (Anschläge, Spiel in Gelenken) sind zu vermeiden oder zu minimieren!* Häufig sind Anschläge oder spielbehaftete Bauteile dominierende Geräuschquellen in einem Gerät.		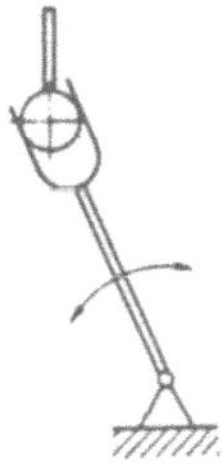

Tabelle 5-2 (Fortsetzung).

Regel Erläuterungen	Lösung	
	ungünstig	günstig
⑩ *Stoßerzeugte Geräusche lassen sich wirksam nur an der Stoßstelle bekämpfen!* Stoßgeräusche werden im Gegensatz zu kontinuierlichen Geräuschen von der unmittelbaren Umgebung der Anregungsstelle stärker abgestrahlt. Außerdem sind körperschallisolierende Maßnahmen (z.B. elastische Unterlage 1) nur auf einen Teil (höhere Frequenzen) des angeregten breiten Spektrums begrenzt. Deshalb sollten bevorzugt die anregenden Größen (z.B. m und v) beeinflußt werden.		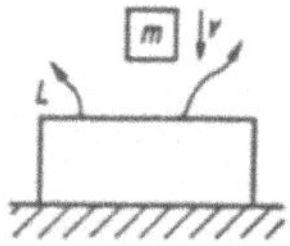
⑪ *Stoßgeräusche können durch Verringern der wirksamen Stoßmasse und der Auftreffgeschwindigkeit minimiert werden!* Das Produkt aus Stoßmasse und Auftreffgeschwindigkeit (Stoßimpuls) bestimmt die Höhe des konstanten Teils vom angeregten Spektrum, deshalb z.B. schwere Hebel durch leichte ersetzen, die durch geringere Kräfte beschleunigt werden.	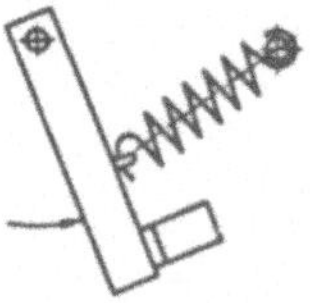	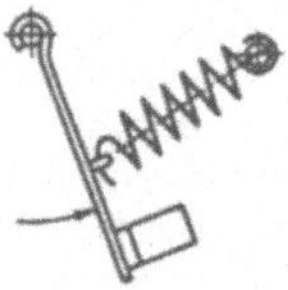
⑫ *Die Dauer der Kraftwirkung während eines Stoßes (Stoßdauer) sollte bei gleichzeitigem Verringern der Spitzenkraft verlängert werden!* Beim Stoß bewegter Massen ist das zeitliche Dehnen der Kraftwirkung im allgemeinen mit einer Senkung der Spitzenkraft verknüpft, und der angeregte Frequenzbereich wird dadurch eingeschränkt. Das Verlängern der Stoßdauer kann durch die Wahl des Werkstoffes, die Nachgiebigkeit der Berührungsflächen (z.B. elastische Zwischenlagen) und die Beeinflussung der effektiv wirksamen Masse erfolgen.	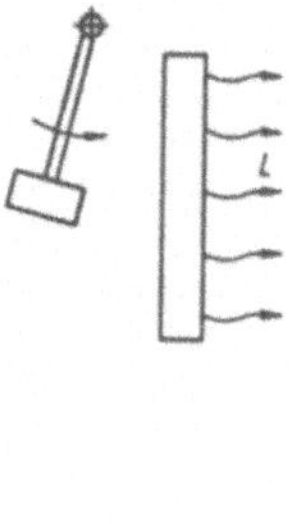	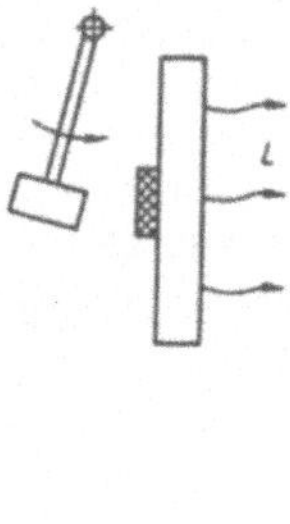

Tabelle 5-2 (Fortsetzung).

Regel Erläuterungen	Lösung	
	ungünstig	günstig
⑬ *Eine sehr große zeitliche Dehnung der Kraftwirkung ist nur durch zusätzliche Elemente realisierbar!* In einigen Fällen (hohe Stoßenergie) läßt sich allein durch Verändern konstruktiver Parameter (Regel ⑪) die erforderliche große Dehnung nicht erzielen. Hier sind zusätzliche Mechanismen (pneumatische oder hydraulische Stoßfänger, Wirbelstrombremsen, spezielle Federkombinationen) einzusetzen, die die Stoßenergie langsam abbauen und gleichzeitig die Spitzenkraft herabsetzen; z.B. Endanschlag eines Mosaikdruckkopfes (Bild).	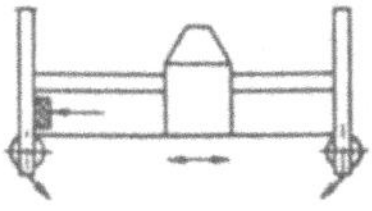	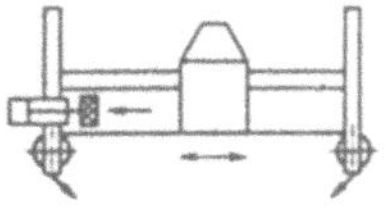
⑭ *Stoßstelle mit ausgeprägten Eigenresonanzen (langes Nachklingen) sind zu bedämpfen!* Dämpfungsmaßnahmen beeinflussen hauptsächlich die durch den Stoßimpuls angeregten Eigenresonanzen, weniger das Stoßgeräusch (Nachklingen gespannter Federn, z.B. vermeidbar durch dämpfende Umhüllung 1).	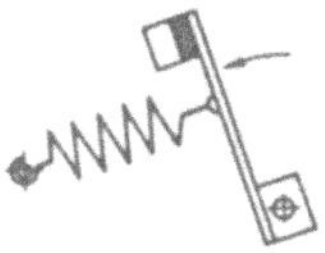	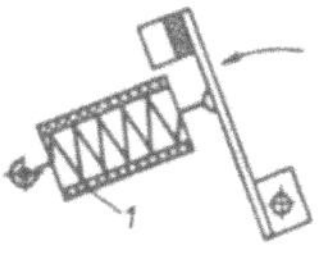
⑮ *Bei der Gestaltung des Geräteaufbaus ist das Auftreten "sekundärer" Stoßstellen (sog. Klapperstellen) zu vermeiden!* Schwingungsfähige Bauteile (Abdeckbleche, Hebel), die selbst keine Wechselkräfte übertragen, können durch andere Stoß- oder Schwingungsquellen im Gerät zum Anschlagen (Klappern) angeregt werden. Diese Bauteile sind ebenso wie "primäre" Quellen (Regeln ⑨ und ⑫) zu gestalten.	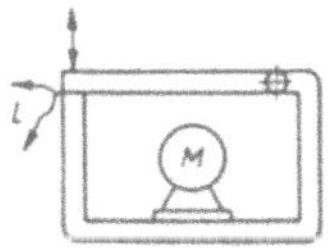	

Tabelle 5-2 (Forsetzung).

Regel Erläuterungen	Lösung	
	ungünstig	günstig
⑯ *An den Berührungsstellen von Stoßteilen sollte bevorzugt der Schichtaufbau Anwendung finden!* Bei akustisch günstig gestalteten Stoßstellen (kleine Berührungsflächen, weiche Materialien) wird oft die zulässige Flächenpressung überschritten. Einen akustisch-konstruktiven Kompromiß bildet der Schichtaufbau, bei dem man ein weiches Material 1 mit einer (dünnen) harten Oberfläche 2 versieht.		
⑰ *Das Auftreten von Mehrfachstößen (Prellen) ist zu verhindern!* Die Spektren dicht aufeinanderfolgender Stöße (Prellen) überlagern sich zur Erhöhung des abgestrahlten Geräusches. Zum Vermeiden des Prellens gibt es verschiedene konstruktive Möglichekeiten (s. Abschnitt 6), z.B. elastisches Material 1 am 45°-Anschlag des Spiegels einer Spiegelreflexkamera.		

5.3 Regeln zum Vermindern der Körperschallübertragung und -ausbreitung

Maßnahmen zum Vermindern der Körperschallübertragung und -ausbreitung (Tabelle 5-3) haben zum Ziel, die Anzahl der in den Körperschallfluß einbezogenen Bauteile auf ein Mindestmaß einzuschränken und den Körperschall durch Dämpfung sowie Dämmung abzubauen oder auf seinem Weg zu Abstrahlflächen zu behindern. Dabei kommt in der Feinwerktechnik der Dämmung eine größere Bedeutung zu als der Dämpfung, weil die für dieses Fachgebiet typischen Abmessungen, Werkstoffe, Verbindungselemente usw. häufig bereits eine optimale Dämpfung bewirken.

Tabelle 5-3. Regeln zum Vermindern der Körperschallübertragung und -ausbreitung [8, 11, 13, 26, 41].

Regel / Erläuterungen	Lösung	
	ungünstig	günstig
① *Der Kraftschluß zwischen Bauteilen bzw. Baugruppen soll als direkte Verbindung und kurz gestaltet sein!* Der Kraftschluß (---) ist über kompakte und steife Teile mit minimaler Oberfläche zu führen, ohne dabei Außenflächen des Gerätes mit einzubeziehen. Dadurch werden die Voraussetzungen für eine Körperschallausbreitung bereits wesentlich eingeschränkt; im Bild z.B. beim Antrieb einer Trommelwaschmaschine.	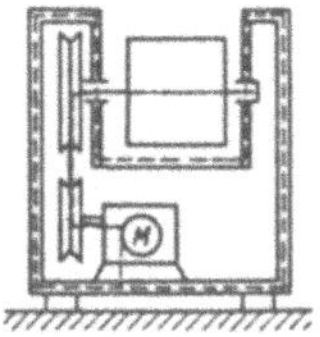	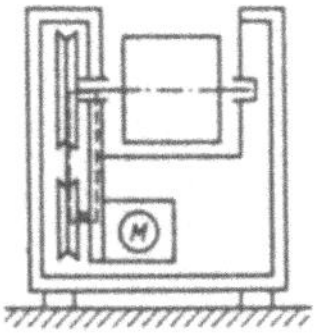
② *Zwischen den Teilen im Kraftschluß und dem Gehäuse bzw. den Gerätefüßen ist zur Körperschallisolierung eine möglichst weiche elastische Verbindung vorzusehen!* Die Körperschallisolierung 1 bei einer Motor-Getriebe-Baugruppe MG unterbricht den Körperschallfluß zu den Abstrahlflächen in Form des Gehäuses 2 bzw. verhindert die Körperschallanregung der Anstellfläche.		
③ *Als Befestigungspunkte für körperschallerzeugende Baugruppen sind solche mit großer Impedanz bzw. geringer Admittanz zu wählen (Massenkonzentration, hohe Steifigkeit)!* Die Auswahl von Befestigungspunkten mit großer Impedanz bzw. geringer Admittanz bewirkt eine Fehlanpassung für den Körperschallfluß und führt dadurch zu einer Verringerung der Schnelle auf der Übertragungsstruktur (z.B. Versteifung 1 und Zusatzmasse 2).		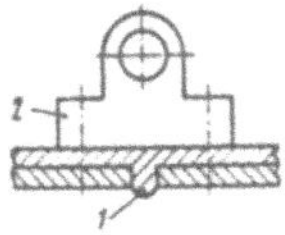

Tabelle 5-3. (Fortsetzung)

Regel Erläuterungen	Lösung	
	ungünstig	günstig
④ *Starre und schwere Baugruppen, die selbst keine dominierende Körperschallquelle darstellen (z.B. Transformatoren, Akkus), sind nach Möglichkeit unmittelbar bei den wichtigsten Körperschallanregern anzuordnen!* Die Nutzung vorhandener Baugruppen als Zusatzmassen ist eine wirksame Methode zum Vermindern des Schnellepegels. Dagegen sind zusätzlich angebrachte Massen mit rein akustischer Funktion unökonomisch und gebrauchswertmindernd; im Bild zwei unterschiedliche Anordnungen eines Transformators.		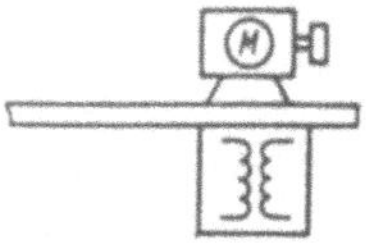
⑤ *Eine punktförmige Schwingungseinleitung sollte der linienförmigen Anregung vorgezogen werden!* Die Wirkung dieser Maßnahme beruht auf der Körperschalldämmung. Einschränkungen ergeben sich jedoch bei schwach gedämpften Materialien durch Verringern der Strukturdämpfung.	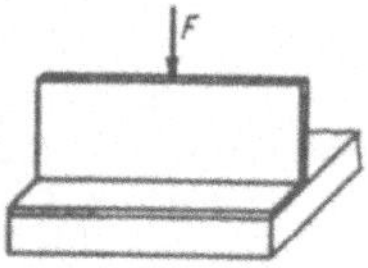	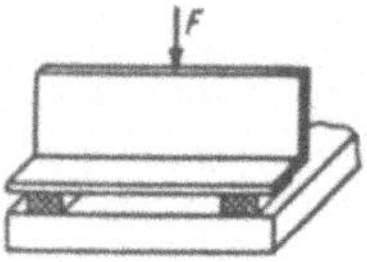
⑥ *Zur Schwingungs- bzw. Körperschallisolierung rein harmonischer Geräusche sind in erster Linie Stahlfedern einzusetzen!* Die Resonanzfrequenz des dabei entstehenden Feder-Masse-Systems darf höchstens 1/3 der tiefsten zu dämmenden Frequenz betragen. Praktische Körperschallpegelminderungen sind ab 6 dB akzeptabel. Bei entsprechender Dimensionierung können auch Werte von mehr als 20 dB erreicht werden. Eine Quelle harmonischer Geräusche ist z.B. durch einen Motor M gegeben.		

Tabelle 5-3. (Fortsetzung)

Regel Erläuterungen	Lösung	
	ungünstig	günstig
⑦ *Bei Impulsanregung sind für die Körperschallisolierung viskoelastische Elemente (Gummi o.ä.) zu verwenden!* Zum Bedämpfen der bei Impulsvorgängen zwangsläufig angeregten Systemresonanz liegt der Verlustfaktor viskoelastischer Elemente in einem günstigen Bereich (im Bild: Montage eines Schützes auf der Schalttafel).	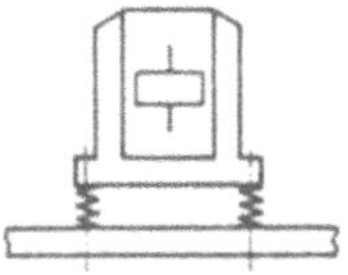	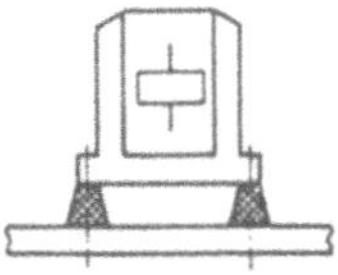
⑧ *Im Fall der Körperschallanregung ist eine zusätzliche Dämpfungserhöhung höchstens bei großen Blechteilen ($l \gg \lambda_B$) sinnvoll!* Eine zusätzliche Bedämpfung erbringt keinen praktischen Nutzen, wenn der vorliegende Verlustfaktor bereits im Bereich des optimalen liegt oder wenn die Teile verhältnismäßig klein sind ($l < \lambda_B$). Die beiden letztgenannten Bedingungen liegen in der Feinwerktechnik meistens vor (im Bild: Lärmminderungsmaßnahmen an einer abstrahlenden Gehäusefläche).	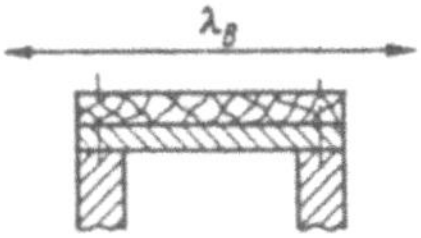	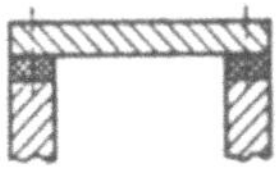
⑨ *Kraftschlüssige Verbindungen sind gegenüber stoffschlüssigen zu bevorzugen!* Vernietete oder verschraubte Baugruppen weisen überwiegend ein optimales Dämpfungsvermögen auf. Sie sind daher günstiger als verschweißte oder gegossene Strukturen, bei denen eine zusätzlich notwendige Erhöhung des Verlustfaktors den Fertigungsaufwand vergrößern würde [16].	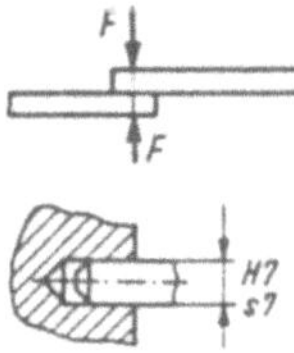	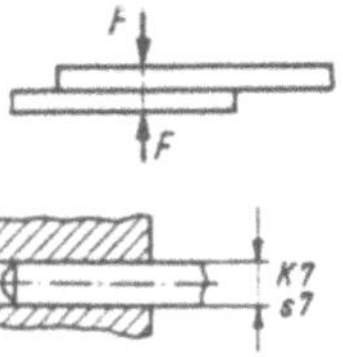
⑩ *Die Verbindung zweier Teile sollte großflächig und mit kleiner mittlerer Flächenpressung gestaltet werden!* Preßpassungen mit unnötig großem Übermaß sind demzufolge zu vermeiden, weil dadurch auch der Verlustfaktor dieser Verbindungsstelle geringer wird.	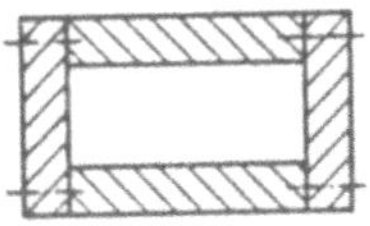	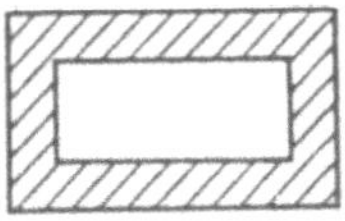

Tabelle 5-3. (Fortsetzung)

Regel Erläuterungen	Lösung	
	ungünstig	günstig
⑪ *Dämpfungsmaßnahmen sind an Orten der größten Schwingamplituden am wirkungsvollsten!* Ein körperschallerregtes flächiges Bauteil sollte nur an einigen Stellen mit großer Schwingbewegung bedämpft werden. Ein ganzflächiges Entdröhnen bringt keine merkliche Verbesserung mehr und ist daher unökonomisch (im Bild: zwei Möglichkeiten zum Entdröhnen eines Abdeckbleches mit gleicher Wirkung).	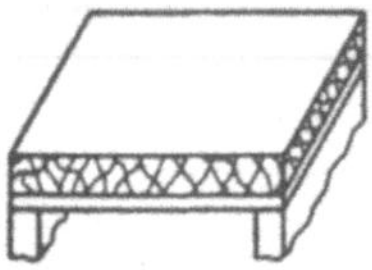	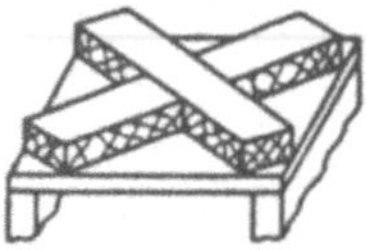
⑫ *Die körperschalldämpfende Wirkung von Doppelblechen kommt der von Kunststoffen nahe!* Der Verlustfaktor von Doppelblechen liegt infolge der Luftverdrängung zwischen den Blechen etwa in der Größenordnung des Verlustfaktors von Kunststoffen und damit im optimalen Bereich. Doppelbleche können dort eingesetzt werden, wo Kunststoffe versagen (z.B. hitzebeständige Bauteile).		
⑬ *Die Anwendung von Versteifungen, wie unsymmetrische Verrippung, Sicken oder gekrümmte Oberflächen, tragen zum Verringern der mittleren Schnelle bei!* Die Maßnahme kann trotz Vergrößern des Abstrahlgrades (siehe Regel ③ in Tabelle 5-4) bei krafterregten Strukturen akustische Vorteile bringen. Bei mehreren, parallel angeordneten Rippen sollte deren Abstand zueinander unterschiedlich groß gewählt werden. Zum Vermeiden von hohen Spitzen des Schnellepegels sind Versteifungen auch örtlich begrenzt einsetzbar [18].	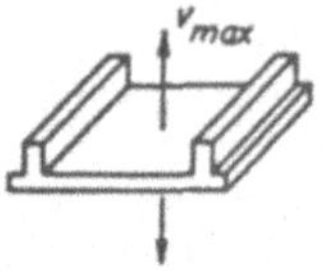	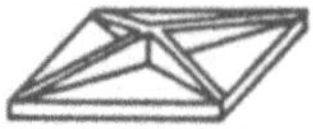

5.4 Regeln zum Verringern der Schallabstrahlung

Flächenhafte Bauteile werden aufgrund ihrer geringen mechanischen Impedanz leicht durch Körperschall angeregt und wandeln diesen in Luftschall um. Zur Lärmminderung lassen sich die Schnelle und der Abstrahlgrad beeinflussen. Dabei sind zum Verringern der Schnelle die Regeln nach den Abschnitten 5.2 und 5.3 anzuwenden. Die Möglichkeiten zum Verkleinern des Abstrahlgrades durch veränderte Oberfächengestaltung sind aus den Regeln der Tabelle 5-4 zu ersehen.

Tabelle 5-4. Regeln zum Verringern der Schallabstrahlung [12, 26, 35, 42].

Regel / Erläuterungen	Lösung	
	ungünstig	günstig
① *Die Oberfläche von Bauteilen sollte so klein wie möglich gehalten werden. Dadurch verringert sich der Abstrahlgrad σ besonders bei tiefen Frequenzen!* Die lärmmindernde Wirkung beruht auf der Ausnutzung des akustischen Kurzschlusses (Druckausgleich an Vorder- und Rückseite).		
② *Große körperschallerregte Flächen sind zur wirkungsvollen Verringerung der Schallabstrahlung mit Durchbrüchen zu versehen!* Die Verringerung der Schallabstrahlung ist analog Regel ① auf den Einfluß des akustischen Kurzschlusses zurückzuführen. Anzustreben ist ein Öffnungsflächenanteil von etwa 20 % (z.B. bei Grundplatte 1). Einschränkungen erfährt diese Maßnahme bei Ausnutzen solcher flächenhaften Bauteile zur Luftschalldämmung (s. Tabelle 5-5).		
③ *Zum Verringern des Abstrahlgrades σ durch Erhöhen der Biegewellengrenzfrequenz sollen die Bauteile biegeweich und schwer sein!* Dies gilt besonders für schnelleerregte Strukturen (z.B. Gehäuseteile) und kann durch Anbringen von biegeweichen und schweren Belägen oder durch Nuten in Platten erreicht werden.		

Tabelle 5-4. (Fortsetzung)

Regel Erläuterungen	Lösung	
	ungünstig	günstig
④ *Durch Aufbringen von schallabsorbieren-dem Material 1 in Verbindung mit einer Schalldämmschicht (z.B. schwere Folie) läßt sich der abgestrahlte Luftschall direkt an der Entstehungsstelle verringern!* Es handelt sich hierbei um eine Vorstufe zum Kapseln, so daß prinzipiell die Gesetzmäßigkeiten der Luftschalldämmung und -absorption gelten.		

5.5 Regeln zum Verringern der Luftschallausbreitung

Luftschallwege werden durch eine die gesamte Quelle umschließende Kapsel unterbrochen, deren Wirkung auf Schalldämmung und -absorption beruht und mit der erhebliche Pegelminderungen bis etwa 20 dB erreicht werden können. In der Feinwerktechnik finden diese großvolumigen Kapseln als selbständige Bauteile (z.B. Schallschutzhauben für Drucker) nur selten Anwendung. Oftmals lassen sich aber Gehäuse zur Luftschalldämmung ausnutzen. Auch Teilkapseln für schallabstrahlende Baugruppen sind ökonomisch günstig anwendbar. Allerdings wird der erforderliche Raumbedarf (für Pegelminderungen > 10 dB) relativ groß, da im allgemeinen Kapselwanddicken einschließlich schallabsorbierender Auskleidung von mehr als 20 mm erforderlich sind.

Die Kapseln können nach Abschnitt 6.4 berechnet werden. Prinzipielle und konstruktiv beeinflußbare Parameter zum akustisch günstigen Gestalten einer Kapsel sind in Tabelle 5-5 zusammengestellt.

Tabelle 5-5. Regeln zum Verringern der Luftschallausbreitung [12, 42].

Regel Erläuterungen	Lösung	
	ungünstig	günstig
① *Die Schalldämmung wächst mit zunehmender Dichte und Dicke des Dämmaterials sowie mit der Frequenz!* Bei Verdoppeln der Wanddicke oder der Frequenz erhöht sich die Schalldämmung um rd. 6 dB.	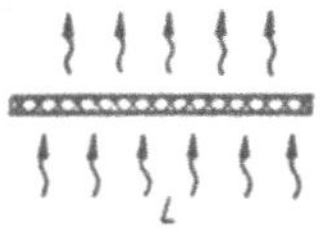	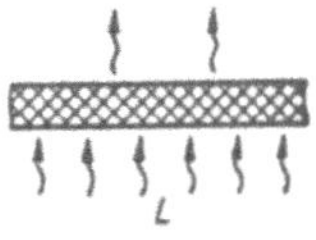
② *Die Schalldämmung von Materialien mit geringem Verlustfaktor kann durch Entdröhnen (z.B. Beschichtung mit Phon-Ex) verbessert werden!* Diese Maßnahme ist anwendbar, solange der optimale Verlustfaktor nicht erreicht ist.	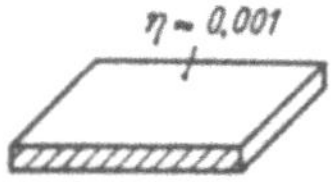	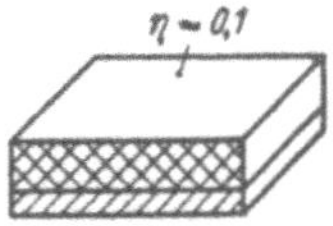
③ *Zum Ausnutzen der möglichen Schalldämmung muß die Luftschallenergie im Inneren der Kapsel in andere Energieformen umgewandelt werden!* Die Wirkung poröser Absorberschichten 1 beruht vorrangig auf der Reibung zwischen Luftteilchen und Gewebefasern. Je tiefer die zu absorbierende Frequenz ist, um so größer muß die Dicke der Auskleidung sein (z.B. bei 200 Hz und $\alpha \approx 0,5$ etwa 100 mm!)	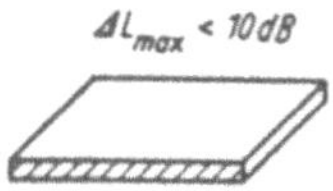	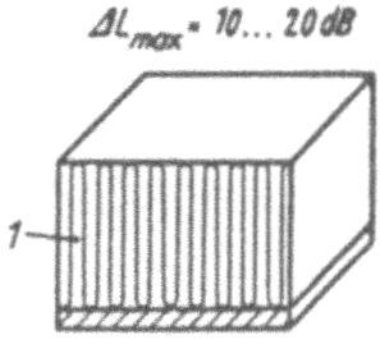
④ *Öffnungen verringern die Dämmwirkung einer Kapsel erheblich und müssen vermieden werden!* Nicht notwendige Öffnungen wie Fugen, Gehäusedurchführungen u.ä. sollten abgedichtet sein. Ab 10 % Öffnungsflächenanteil ist die Anwendung von Kapseln nicht mehr sinnvoll [9].	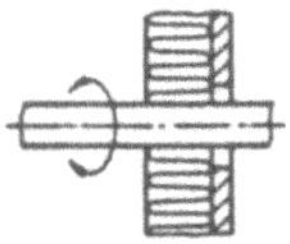	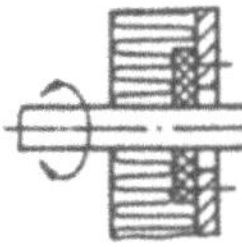

Tabelle 5-5. (Fortsetzung)

Regel Erläuterungen	Lösung	
	ungünstig	günstig
⑤ *Bei größeren Geräten können Öffnungen zum Be- und Entlüften mit schallabsorbierenden Kanälen versehen werden!* Der dafür notwendige Platzbedarf richtet sich nach dem zu dämpfenden Frequenzbereich sowie nach der erforderlichen Kühlluftmenge [9, 13].		
⑥ *Zum Vermeiden einer Körperschallanregung der Kapselwände sind diese von schwingenden Teilen elastisch zu isolieren!* Diese Forderung gilt nicht nur für das Ankoppeln an das Chassis, sondern auch für Bauteile, die durch die Kapselwände nach außen geführt werden müssen.		

5.6 Lärmminderung durch Schwingungsauslöschung (Antischall) [9]

Das Antischallkonzept ist eine Variante der Lärmminderung, die für die Feinwerktechnik kaum bedeutsam ist. Sie soll hier jedoch erwähnt werden, da in jüngerer Zeit verschiedentlich Realisierungsbeispiele veröffentlicht wurden. Das Prinzip des Antischalls beruht auf der Interferenz zweier Schallwellen von gleicher Frequenz, gleicher Amplitude und gleicher Ausbreitungsrichtung, aber um 180° verschobenen Phasen. Man überlagert der ursprünglichen Schallwelle eine zweite, auf elektronischem Wege (Mikrophon oder Körperschallaufnehmer) gewonnene und um 180° in der Phase gedrehte (Anti-)Schallwelle, die im allgemeinen von einem Lautsprecher abgestrahlt wird. Da aber normalerweise keine Punktquellen mit sinusförmiger Schwingung vorliegen, sondern räumliche Gebilde, deren Oberfläche Biegeschwingungen in unterschiedlichen Frequenzbereichen ausführt, und außerdem die künstliche Quelle immer an einem anderen Ort als die natürliche Quelle angebracht werden muß, läßt sich ein absolutes Auslöschen beider Schallwellen für alle Abstrahlrichtungen nicht erreichen. Es ist jedoch möglich, unter bestimmten Bedingungen Pegelminderungen für definierte Raumrichtungen oder Aufpunkte herbeizuführen. Allerdings ist dazu meist ein erheblicher elektronischer Aufwand erforderlich (mehrere Mikrophone, Signalverarbeitung mit Mikroprozessor u. ä.). Deshalb wird auch künftig die Lärmminderung mittels Antischall nur auf wenige Spezialfälle beschränkt bleiben.

6 Konstruktionsrichtlinien für die Lärmminderung

Die Kenntnis und Anwendung der im Abschnitt 5 angeführten Regeln ist ein erster und nicht unwichtiger Schritt zur Konstruktion lärmarmer Produkte. Allerdings lassen sich damit allein noch keine optimalen Ergebnisse erreichen; dazu bedarf es außerdem einer gezielten Dimensionierung der Baugruppen und des Geräteaufbaus unter Berücksichtigung der im Abschnitt 3 dargelegten Zusammenhänge. Um die Lösung dieser Aufgabe zu erleichtern, werden im folgenden für die wichtigsten Glieder der Wirkungskette Konstruktionsrichtlinien angegeben und ihre Handhabung an ausgewählten Beispielen demonstriert. Diese Beispiele für konstruktive Lösungen typischer feinwerktechnischer Bauteile und Baugruppen bilden selbstverständlich nur eine begrenzte Auswahl aus den vielfältigen Möglichkeiten und sind als Anregung für das eigene, kreative Bearbeiten unter Beachtung weiterführender Literatur zu verstehen. Ergänzende Hinweise und Literaturangaben lassen sich unter anderem [6 bis 12] entnehmen.

6.1 Richtlinien zum Vermindern der Körperschallanregung und -ausbreitung

Von der Vielzahl möglicher Anregungsvorgänge wird in diesem Abschnitt nur die Unwuchtanregung als typische Erscheinung bei Rotationsbewegungen betrachtet. Die Stoßanregung findet wegen der spezifischen Zusammenhänge bei Stoßvorgängen in einem gesonderten Abschnitt 6.2 Berücksichtigung.

Beim Vermindern der Körperschallausbreitung durch Dämpfung und Dämmung hat die Dämmung für die Feinwerktechnik die größere Bedeutung; sie wird deshalb ausführlicher behandelt.

6.1.1 Körperschallminderung bei Unwuchtanregung

Rotierende Massen m_{rot} (Motorenläufer, Räder, Wellen) verursachen eine periodische Unwuchtanregung, wobei nicht nur die den Drehzahlen n entsprechenden Frequenzen $f_1 = n/60$ angeregt werden, sondern auch die Harmonischen f_i ($i = 2$; 3; 4; …).

Die anregende Unwuchtkraft F_{err} wird berechnet mit

$$F_{err} = \omega_1^2 \cdot m_{rot} \cdot \varepsilon \tag{6.1}$$

und die anregende Schnelle $v_{s\,err}$ mit

$$v_{s\,err} = \omega_1 \cdot \frac{m_{rot}}{m_{rot} + m_{stat}} \cdot \varepsilon \,; \tag{6.2}$$

ε Abweichung des Schwerpunktes von m_{rot} von der Drehachse; m_{stat} feststehende Masse des Erregers.

Daraus ergeben sich die Ansatzpunkte zum Verringern der Unwuchtanregung:

1. Niedrige Drehzahl n

Durch Senken der Drehzahl kann die Körperschallanregung am wirkungsvollsten bekämpft werden. Es gelten die Proportionalitäten $F_{err} \sim n^2$ und $v_{s\,err} \sim n$.

2. Kleine rotierende Masse m_{rot}

Es gilt $F_{err} \sim m_{rot}$. Zusätzlich wird dadurch das dynamische Anlauf- und Abbremsverhalten verbessert.

3. Kleines Massenverhältnis m_{rot}/m_{stat}

Die Erregerkraft F_{err} wird größtenteils durch die Trägheit des Erregers kompensiert. Außerdem kann man mit einer größeren Masse dessen Impedanz z_{err} erhöhen. Das begünstigt die Körperschallisolation durch elastische Elemente.

4. Geringe Unwucht ε

Es besteht direkte Proportionalität zwischen ε und der Körperschallanregung. Minimale Unwucht ist nur durch größeren Aufwand in der Fertigung zu erreichen (höhere Präzision, Auswuchten in mindestens zwei Ebenen).

Betrachtet man Wellen und Räder für sich, so existiert keine feststehende Masse. Das Massenverhältnis m_{rot}/m_{stat} kann durch kompakte Lager günstig beeinflußt werden. Auch die Lageranordnung hat Einfluß auf die Körperschallanregung der rotierenden Teile (B i l d 6 - 1). Die Lager sollten außerhalb des Betriebskraft- bzw. Momentenangriffs mit möglichst geringem Abstand zueinander liegen [15, 16].

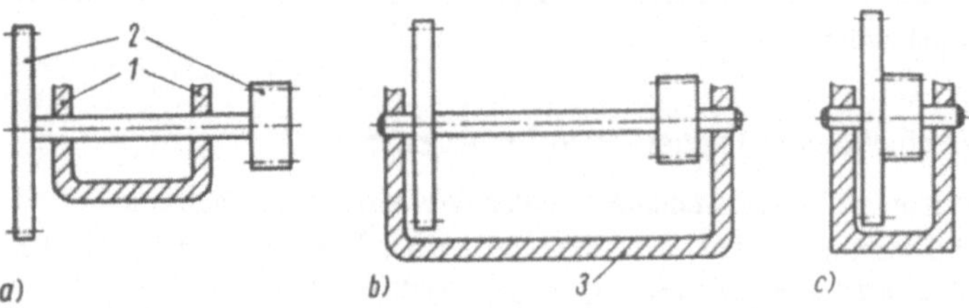

Bild 6-1. Anordnung der Lager 1 und der Kraft- bzw. Momenteinleitung 2 an einer Welle [16]. a) akustisch ungünstig (Lagerung befindet sich zwischen den Zahnrädern); b) geringere Unwuchtanregung durch Verlegen der Lagerstellen nach außen (Nachteil: große abstrahlende Oberfläche des Lagerteiles 3); c) lärmarme Variante (außenliegende Lagerstellen und minimierter Abstand zueinander).

6.1.2 Körperschallisolierung periodischer Erreger

Zu typischen periodischen Erregern der Feinwerktechnik sind hauptsächlich Motoren, gleichmäßig und ungleichmäßig übersetzende Getriebe sowie z. B. Transformatoren und Drosseln zu zählen. Ziel beim Einbau dieser Erreger ist es, eine möglichst geringe Schnelle v_s an der tragenden und vor allem an der abstrahlenden Struktur s zu erreichen, d. h. den Erreger möglichst weich an die Struktur anzukoppeln. Das Problem besteht dabei darin, die elastische Befestigung hinsichtlich akustischer und funktioneller Forderungen optimal zu gestalten. Dies bedingt unter anderem das Einhalten enger Lagetoleranzen zwischen den Bauteilen und Baugruppen, die insbesondere bei großen Schwingbewegungen während des Durchfahrens der Resonanzfrequenz f_0 (Anlaufen, Abbremsen) überschritten werden können. Eine elastische Lagerung [15, 16] ist akustisch gesehen um so besser, je größer die durch sie realisierten Impedanzsprünge z_{err}/z_{el} und z_s/z_{el} sind (B i l d 6 - 2). Das bedeutet, daß die Impedanzen des Erregers z_{err} und der Befesti-

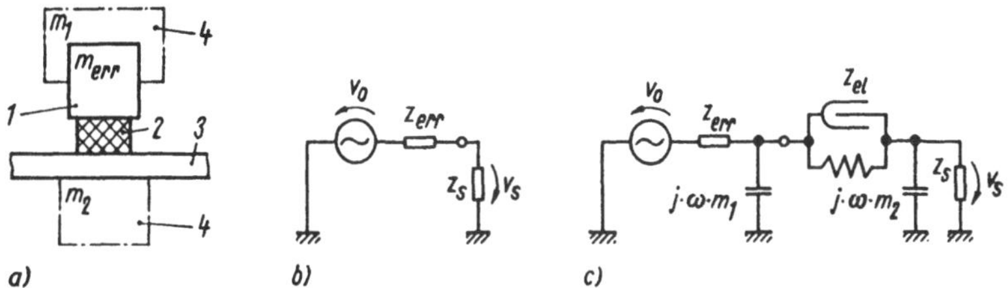

Bild 6-2. Modellierung einer elastischen Befestigung.
a) prinzipieller Aufbau; b) Ersatzschaltbild ohne elastisches Element; c) Ersatzschaltbild mit eingefügtem elastischen Element (daher: "Einfügungsdämmung").

1 Erreger; 2 elastisches Element; 3 Struktur mit der Impedanz z_s; 4 Zusatzmassen; v_0 Leerlaufschnelle.

gungspunkte z_s auf der Struktur s groß, die der elastischen Elemente z_{el} möglichst klein sein sollen (T a b e l l e 6 - 1). Die zu erwartende Einfügungsdämmung D_e in Abhängigkeit vom kleineren Impedanzsprung z/z_{el} (z: kleinere der beiden Impedanzen z_{err} und z_s) geht aus B i l d 6 - 3 hervor. Bei $|z|/|z_{el}| \leq 5$ befindet sich das System Erreger – Befestigung – Struktur in der Nähe der Resonanzfrequenz f_0, so daß für ein exaktes Abschätzen von D_e die komplexen Impedanzen verwendet werden müssen. Die nur auf die Beträge beschränkte Rechnung ist in diesem Fall unzulässig. Eine im allgemeinen günstige Variante der Körperschallisolierung periodischer Erreger besteht in einer Befestigung, die so weich ausgelegt ist, daß funktionsbedingte Toleranzen gerade noch nicht überschritten werden. Ist ein Reduzieren der Steifigkeit der elastischen Elemente nicht mehr möglich, kann die Isolierwirkung mittels Zusatzmassen verbessert werden, die starr und in unmittelbarer Nähe der Befestigungspunkte angebracht sind. Um die Gerätemasse nicht unnötig zu vergrößern, sind als Zusatzmassen vor allem starre und schwere Bauteile oder Baugruppen (Transformatoren, Akkus, Dauer- und E-Magnete) zu nutzen. Darauf muß gegebenenfalls bei der Grundkonzeption der Geräte geachtet werden.

Tabelle 6-1. Möglichkeiten zum Verringern des Schnellepegels L_{vs} auf der Struktur s.

Maßnahme	Gesetzmäßigkeit	Gültigkeitsbereich
Erhöhen der Erregermasse m_{err} durch Zusatzmasse m_1	$\Delta L_{vs} \approx -40 \lg\left[(m_{err}+m_1)/m_{err}\right]$ dB $\Delta L_{vs} \approx -20 \lg\left[(m_{err}+m_1)/m_{err}\right]$ dB	$z_{err} \lesseqgtr z_s$ (Kraftanregung) $z_{err} \gg z_s$ (Schnelleanregung)
Erhöhen der Strukturimpedanz z_s durch Zusatzmasse m_2	$\Delta L_{vs} \approx 0$ dB $\Delta L_{vs} \approx -20 \lg\left[1+\omega\cdot m_2/(|z_s|-|z_{el}|)\right]$ dB	$z_{err} \lesseqgtr z_s$ (Kraftanregung) $z_{err} \gg z_s$ (Schnelleanregung)
Verringern der Federsteife c_1 der elastischen Elemente auf c_2	$\Delta L_{vs} \approx 20 \lg \dfrac{|1+(j\cdot\omega\cdot z/c_1)|}{|1+(j\cdot\omega\cdot z/c_2)|}$ dB $\Delta L_{vs} \approx 20 \lg \dfrac{|2+(j\cdot\omega\cdot z/c_1)|}{|2+(j\cdot\omega\cdot z/c_2)|}$ dB	$z = z_{err}$ für $z_{err} \lesseqgtr z_s$ $z = z_s$ für $z_{err} \gg z_s$ $z \approx z_{err} \approx z_s$

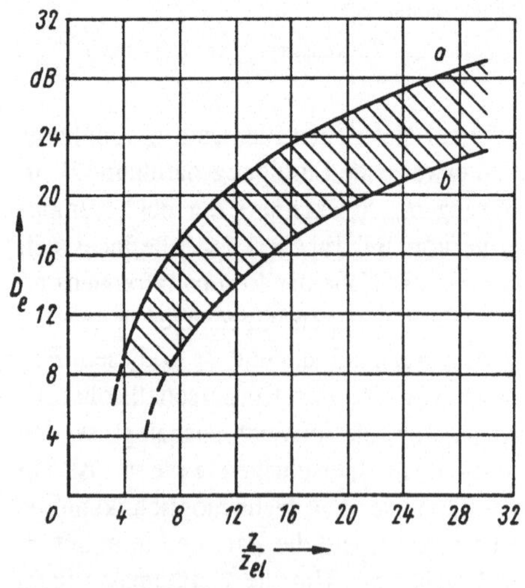

Bild 6-3. Abhängigkeit der Einfügungsdämmung D_e vom Impedanzverhältnis z/z_{el} (z ist die kleinste der beiden Impedanzen z_{err} bzw. z_s).

a $z_{err} \approx z_s$; b $z_{err} \lessgtr z_s$.

Zum Dimensionieren einer elastischen Befestigung ist es erforderlich, folgende Ausgangsgrößen zu ermitteln:

1. Dominierende Erregerfrequenz f_{err}

Sie kann durch eine Frequenzanalyse (s. Abschnitt 4.4) oder aus den technischen Parametern des Erregers gewonnen werden (T a b e l l e 6 - 2).

Tabelle 6-2. Dominierende Frequenzen einiger periodischer Erreger in Geräten [13].

Erreger	meist dominierende Frequenz
Universalmotor, Gleichstrommotor, Synchronmotor usw.	Drehfrequenz $f_{err} = n/60$
Schrittmotor	Schrittfrequenz $f_{err} = f_{schritt}$
Transformator, Drossel	doppelte Frequenz der anliegenden Wechselspannung $f_{err} = 2 f_\sim$
gleichmäßig übersetzende Getriebe	Drehfrequenz der am schnellsten laufenden bzw. am stärksten unwuchtbehafteten Welle $f_{err} = n/60$

2. Impedanz des Erregers z_{err} und der Struktur z_s bei der Frequenz f_{err}

Am günstigsten ist es, die Impedanzen zu messen (s. Abschnitt 4.2), da diese oft im vorliegenden Eigenfrequenzbereich besonders bei Gehäusen sehr stark schwanken (20 lg($\Delta z/z$) $\leq$ 40 dB!). Sind Messungen nicht möglich, muß eine Überschlagsrechnung ausreichen (T a b e l l e 6 - 3). Die meisten Erreger können als starre Masse m_{err} mit

$$z_{err} = \mathrm{j} \cdot \omega_{err} \cdot m_{err} \qquad\qquad (6.3)$$

betrachtet werden.

Bei Strukturen ist zur Auswahl der richtigen Impedanzgleichung in Tabelle 6-3 das Bestimmen der Biegewellenlänge $\lambda_B(f_{err})$ notwendig. Abschnitt 4.2 enthält Hinweise zum einfachen Ermitteln von λ_B. Die Struktur, deren größte Abmessung gleich l ist, wird bei $l > \lambda_B$ durch eine Platte oder einen Stab, andernfalls durch eine Masse (seltener durch eine Feder) angenähert. Auf der Grundlage dieser Ausgangsgrößen kann die elastische Befestigung dimensioniert und ihre Wirksamkeit abgeschätzt werden.

Tabelle 6-3. Impedanzen elementarer Strukturen [8, 11].

Element, Struktur	Impedanz	Logarithmischer Frequenzgang
Masse	$z_S = j\cdot\omega\cdot m$ $(\lambda \gg l)$	$|Z|$ — $+20\,dB/Dekade$
Feder	$z_S = \dfrac{c}{j\cdot\omega}$ $(\lambda \gg l)$	$|Z|$ — $-20\,dB/Dekade$
Stab (Biegung)	$z_{S\infty} = 2\,\varrho_w\cdot A\cdot c_B\,(1+j)$ $z_{S\infty} = \tfrac{1}{2}\,\varrho_w\cdot A\cdot c_B\,(1+j)$ $(\lambda_B < l)$	$|Z|$ — $+10\,dB/Dekade$
Platte (Biegung) (Rand frei)	$z_{S\infty} = 8\,\sqrt{B\cdot m'}$ $z_{S\infty} = 2{,}3\,\sqrt{B\cdot m'}$ $(\lambda_B < l)$	$|Z|$ — $linear$

$$B = \frac{E}{1-\nu^2}\cdot\frac{d^3}{12}$$

$$m' = \varrho_w\cdot d$$

6.1.3 Wahl der Befestigungspunkte von Körperschallerregern

Im folgenden werden zunächst lediglich die dynamischen Wechselkräfte F_{dyn} des Erregers betrachtet. Anregungen zum Gestalten elastischer Lager [15, 16], die statische und dynamische Belastungen ertragen können, enthält dann der folgende Abschnitt.

Das Ziel der Auslegung jeder Befestigungsstelle besteht darin, daß die Struktur s an allen n Befestigungspunkten mit möglichst gleichen, geringen Schnellen $v_{s\,i} = v_s = $ konst. schwingt; zumindest soll der Unterschied zwischen ihnen nicht mehr als 5 dB betragen. Das wird durch eine entsprechend dimensionierte Federsteife c_i erreicht. $c_i = |z_{el\,i}|\cdot\omega_{err}$ berechnet sich aus

$$c_i \approx \frac{|z_{s\,i}| \cdot \omega_{err}}{\left[(v_{0\,i}/v_s) + |z_{s\,i}/z_{err\,i}| - 1\right]}; \qquad (6.4)$$

$i = 1; 2; \ldots m.$

Am sichersten ist es, die Impedanz $|z_{s\,i}|$ an den entsprechenden Stellen der Struktur s meßtechnisch zu ermitteln. Ist dies nicht möglich, muß eine Überschlagsrechnung (s. Tabelle 6-3) ausreichen.

Die Schnelle $|v_{0\,i}|$ sowie die Impedanz $|z_{err\,i}|$ sind ebenfalls an den vorgesehenen Befestigungspunkten des frei (an elastischen Fäden) aufgehängten Erregers zu messen (s. Abschnitt 4.2) oder über die Beziehung

$$|v_{0\,i}| = \frac{|F_{dyn\,i}|}{|z_{err\,i}|} = \frac{|F_{dyn\,i}|}{\omega_{err\,i} \cdot m_{err\,i}}$$

zu berechnen (v_0 Leerlaufschnelle).

B i l d 6 - 4 verdeutlicht, wie bei einem Erreger die Größe $|F_{dyn\,i}|$ ermittelt werden kann. Die gezeigte graphisch-rechnerische Methode der Statik ist verwendbar, wenn der Erreger als in sich starr anzunehmen ist. Dies trifft in den meisten Fällen zu. Analog zur Bestimmung der Kräfte F_i aus dem Kraftangriffspunkt von F_{dyn} werden die Impedanzen $z_{err\,i} = \omega_{err\,i} \cdot m_{err\,i}$ aus dem Schwerpunkt S_{err} der Erregermasse m_{err} bestimmt. Dazu muß man die Lage von S_{err} kennen oder ermitteln.

Am günstigsten ist eine symmetrische Kraft- und Impedanzverteilung auf die Befestigungsstellen. Das bedeutet:

— Die Projektion von S_{err} auf die von den Befestigungspunkten aufgespannte Fläche fällt mit deren Schwerpunkt zusammen;

— S_{err} liegt auf der Wirkungslinie von F_{dyn} (oszillierende) oder im Zentrum der Wirkungsfläche von F_{dyn} (rotierende Massen).

In diesem Fall weisen alle n Befestigungspunkte die gleiche Impedanz $z_{err\,i} = (1/n) \cdot |z_{err}|$ auf und übertragen auch den gleichen Kraftanteil $F_{dyn\,i} = (1/n) \cdot F_{dyn}$ (s. Bild 6-4c). Ist eine solche symmetrische Verteilung nicht möglich, sollte S_{err} zumindest über der von den Befestigungspunkten aufgespannten Fläche liegen und die Wirkungslinie von F_{dyn} durch diese verlaufen (s. Bild 6-4b). Ungünstig ist die Variante nach Bild 6-4a. Hier sind die Unterschiede zwischen den Kräften F_i am größten, wobei F_2 sogar größer als F_{dyn} ausfällt.

Eine erhöhte Anzahl n der Befestigungspunkte verbessert nur in seltenen Fällen die Isolierwirkung. Sie kann sich nur dann günstig auswirken, wenn

- die Abstände zwischen den Befestigungspunkten noch größer als die halbe Biegewellenlänge $\lambda_B/2$ auf der Struktur bleiben,

- zwischen den Befestigungspunkten noch Diskontinuitäten (Rippen, Ecken, Kanten usw.) vorhanden sind,

- bei Schnelleanregung ($z_{err} \gg z_s$) gilt

$$(1/n)\cdot|z_{err}| \geq |z_s|.$$

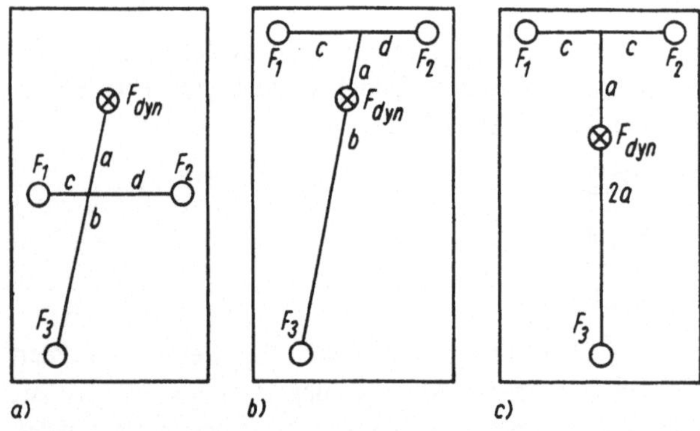

Bild 6-4. Graphisch-rechnerische Methode zur Aufteilung der Wechselkraft F_{dyn} auf drei Befestigungspunkte

a) unsymmetrisch, Kraftangriff außerhalb:

$$F_1 = F_{dyn}\cdot\left(1+\frac{a}{b}\right)\cdot\left(\frac{d}{c+d}\right); \quad F_2 = F_{dyn}\cdot\left(1+\frac{a}{b}\right)\cdot\left(\frac{c}{c+d}\right);$$

$$F_3 = F_{dyn}\cdot\left(-\frac{a}{b}\right);$$

b) unsymmetrisch, Kraftangriff innerhalb der von den Befestigungspunkten aufgespannten Fläche:

$$F_1 = F_{dyn}\cdot\frac{b}{a+b}\cdot\frac{d}{c+d}; \quad F_2 = F_{dyn}\cdot\frac{b}{a+b}\cdot\frac{c}{c+d};$$

$$F_3 = F_{dyn}\cdot\frac{a}{a+b};$$

c) symmetrische Aufteilung der Wechselkraft auf die Befestigungspunkte:

$$F_1 = F_2 = F_3 = \frac{1}{3}\cdot F_{dyn}.$$

Bei einer erhöhten Anzahl von Befestigungspunkten teilt sich die Gesamtfedersteife c weiter auf, d.h. die einzelnen Federsteifen c_i fallen kleiner aus, wodurch sich die Impedanzsprünge $|z_s/z_{el}|$ vergrößern. Bei Kraftanregung ($z_{err} \lessgtr z_s$) bringt eine größere Anzahl von Befestigungspunkten unter feinwerktechnischen Verhältnissen keine Vorteile für die Körperschallisolierung.

6.1.4 Gestaltung elastischer Befestigungselemente für anregende Baugruppen

Wird die für eine geforderte oder angestrebte Einfügungsdämmung ermittelte Federsteife c als gegeben betrachtet, so kann man diese mit variabler geometrischer Form und unterschiedlichem Aufbau realisieren. Form und Aufbau eines elastischen Elements müssen mehreren Anforderungen gerecht werden:

1. Aufnahme statischer und dynamischer Kräfte

Von der Einbaulage des jeweiligen Erregers hängt es ab, ob statische und dynamische Belastung F_{stat} und F_{dyn} an den Befestigungspunkten in ihrer Wirkungslinie zusammenfallen oder ob sich ihre Richtungen kreuzen. Generell sollte versucht werden, statische und dynamische Kräfte in unterschiedlichen, d. h. senkrecht zueinander verlaufenden Richtungen durch die elastische Befestigung zu leiten (B i l d 6 - 5). Verlaufen beide in der gleichen Richtung, bringt das in der Regel Nachteile für die Körperschallisolierung mit sich. Die statische Auslenkung von Stahlfedern verkürzt den möglichen Schwingweg ξ, was zum Anschlagen an benachbarte Teile und somit zu verstärktem Geräusch führen kann. Bei Gummifedern kommt als Nachteil noch hinzu, daß die zulässige Belastbarkeit des Werkstoffs und der stoffschlüssigen Verbindung [15, 16] mit angrenzenden Teilen, vor allem bei Zug- und Schubbelastung, überschritten werden kann. Außerdem bewirkt eine zu hohe Druckbelastung zunehmende Härte des Gummis (B i l d 6 - 6). Das kann unter Umständen zum grundsätzlichen Ausbleiben der Isolierwirkung führen.

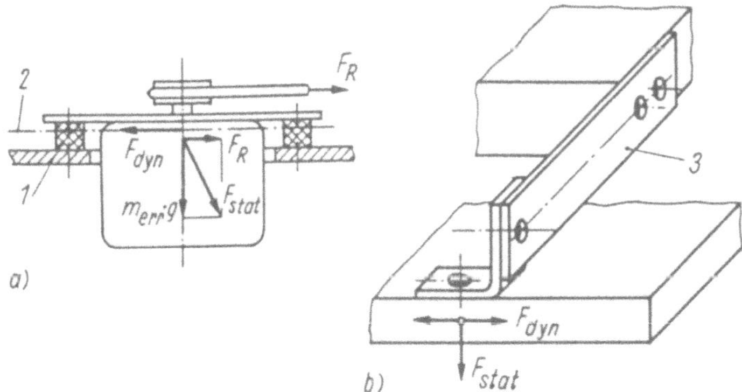

Bild 6-5. Wirkungsrichtung von statischen und dynamischen Kräften.
a) Anordnen elastischer Elemente 1 zur Körperschallisolierung eines Phonolaufwerkes (die statische Kraft wirkt nicht in der Ebene der dynamischen Belastung 2);
b) Einbaumöglichkeit einer Blattfeder 3 zur Aufnahme größerer statischer Kräfte und gleichzeitiges Realisieren einer senkrecht dazu wirkenden geringen Federsteife.

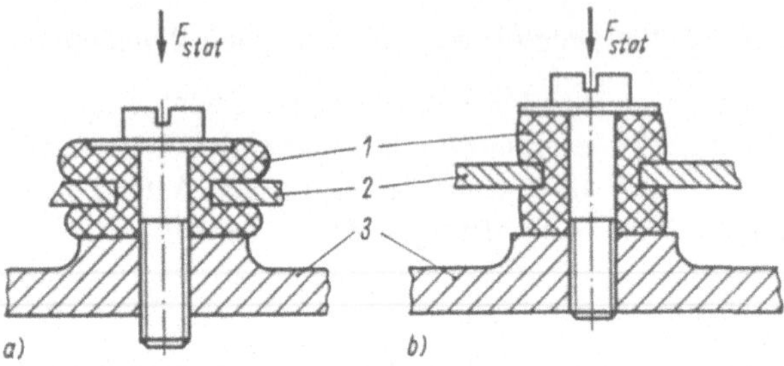

Bild 6-6: Montiertes Gummielement.
a) unwirksame Schwingungsisolierung infolge zu großer statischer Vorspannung;
b) richtiger Einbau, geringe statische Belastung des Gummis.

1 Gummielement; 2 Erreger; 3 Struktur.

2. Hohe Kontinuumseigenfrequenz f_{01}

Die geometrische Form hat Einfluß auf die Kontinuumseigenfrequenzen f_{0n} ($n =$ 1; 2; 3; ...) der Feder, bei denen ihre Isolierwirkung stark absinkt (B i l d 6 - 7). Dieser sogenannte Dämmungseinbruch ist durch die ab $f \geq f_{01}$ oder $l_{\text{Feder}} \geq \lambda/2$ wirkenden Wellenleitereigenschaften der Feder zu erklären. Ziel der geometrischen Gestaltung des Federelementes ist es, einen möglichst großen Frequenzbereich $f_{01} - f_0$ (f_0 Systemresonanzfrequenz Erreger – Feder – Struktur) zu realisieren. In T a b e l l e 6 - 4 sind die Möglichkeiten zum Erhöhen von f_{01} bei vorgegebener Steifigkeit sowie die Vorgehensweise zum Bestimmen geometrischer Parameter angegeben.

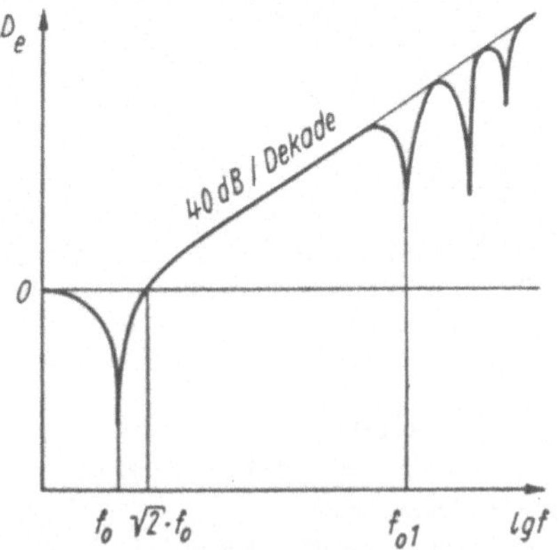

Bild 6-7. Qualitativer Verlauf der Einfügungsdämmung D_e von ungedämpften Federelementen in Abhängigkeit von der Frequenz [9].

Tabelle 6-4. Beeinflussung der ersten Kontinuumseigenfrequenz f_{01} durch die Geometrie des Federelementes bei vorgegebener Federsteife c.

Federart, Belastung	Erste Kontinuumseigenfrequenz f_{01}, Federsteife c	Zusammenhang zwischen f_{01} und c, Gestaltungsrichtlinien
Schraubenfeder, Druck 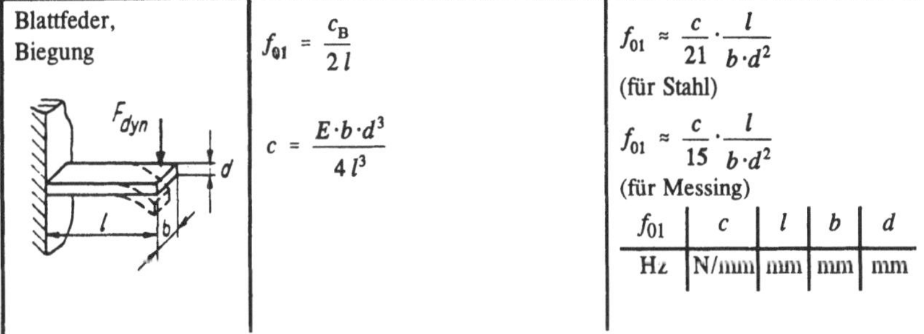	$f_{01} = \dfrac{1}{2\sqrt{2}\cdot\pi}\cdot\dfrac{d}{D^2\cdot n_f}\cdot\sqrt{\dfrac{G}{\varrho_w}}$ $c = \dfrac{G\cdot d^4}{8\,D^3\cdot n_f}$	$f_{01} \approx \dfrac{c}{28}\cdot\dfrac{D}{d^3}$ (für Stahl) $f_{01} \approx \dfrac{c}{20}\cdot\dfrac{D}{d^3}$ (für Messing) $\begin{array}{c\|c\|c\|c} f_{01} & c & D & d \\ \hline \text{kHz} & \text{N/mm} & \text{mm} & \text{mm} \end{array}$
Großer Wickeldurchmesser D und kleiner Drahtdurchmesser d; Federsteife c bei vorgegebenen Werten D und d durch Variation der Anzahl der federnden Windungen n_f realisieren [15, 16].		
Blattfeder, Biegung	$f_{01} = \dfrac{c_B}{2\,l}$ $c = \dfrac{E\cdot b\cdot d^3}{4\,l^3}$	$f_{01} \approx \dfrac{c}{21}\cdot\dfrac{l}{b\cdot d^2}$ (für Stahl) $f_{01} \approx \dfrac{c}{15}\cdot\dfrac{l}{b\cdot d^2}$ (für Messing) $\begin{array}{c\|c\|c\|c} f_{01} & c & l & b & d \\ \hline \text{Hz} & \text{N/mm} & \text{mm} & \text{mm} & \text{mm} \end{array}$
Kleine Abmessungen der Feder, die Mindestmaße werden durch die statische Belastung bestimmt.		
Gummifeder, Druck/Schub 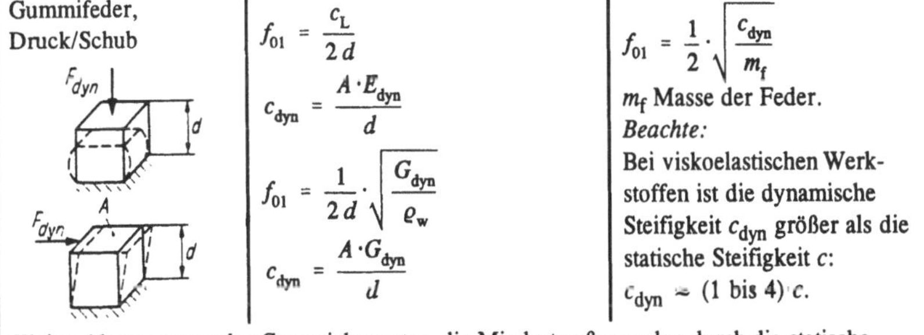	$f_{01} = \dfrac{c_L}{2\,d}$ $c_{dyn} = \dfrac{A\cdot E_{dyn}}{d}$ $f_{01} = \dfrac{1}{2\,d}\cdot\sqrt{\dfrac{G_{dyn}}{\varrho_w}}$ $c_{dyn} = \dfrac{A\cdot G_{dyn}}{d}$	$f_{01} = \dfrac{1}{2}\cdot\sqrt{\dfrac{c_{dyn}}{m_f}}$ m_f Masse der Feder. *Beachte:* Bei viskoelastischen Werkstoffen ist die dynamische Steifigkeit c_{dyn} größer als die statische Steifigkeit c: $c_{dyn} \approx (1 \text{ bis } 4)\cdot c$.
Kleine Abmessungen des Gummielementes, die Mindestmaße werden durch die statische Belastung bestimmt; elastisches Material mit geringer Dichte bevorzugen [15, 16].		

3. Körperschallisolierung in mehreren Richtungen

Besonders bei Erregern, die durch rotierende Massen gekennzeichnet sind, muß das elastische Befestigen die Schwingbewegung in mehreren Richtungen mit gleich guter Wirksamkeit isolieren. Das erreicht man durch eine entsprechende konstruktive Gestaltung sowie durch Anordnen der elastischen Elemente am Erreger (B i l d e r 6 - 8 und 6 - 9).

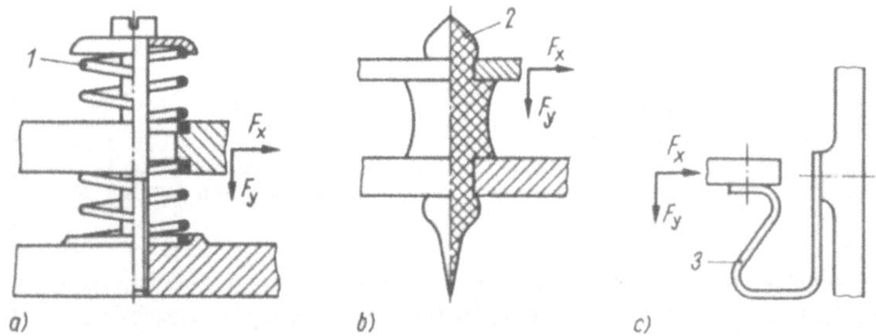

Bild 6-8. In mehreren Richtungen wirksame Isolierelemente [9].
a) dreidimensional, mit Schraube und Scheibe; b) dreidimensional, ohne zusätzliche Teile;
c) zweidimensional.

1 Schraubenfeder; 2 knöpfbares Gummiformteil; 3 gebogene Blattfeder.

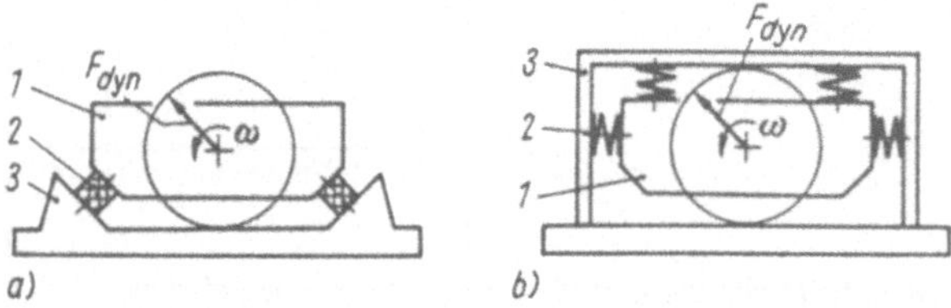

Bild 6-9. Anordnung der elastischen Elemente am Erreger zur Körperschallisolierung in verschiedenen Richtungen.
a) druck- und schubbelastete Gummielemente; b) druck- und schubbelastete Schraubenfedern für eine sehr weiche Aufhängung.

1 Erregerbaugruppe, z. B. mit Unwucht; 2 elastische Elemente; 3 Struktur, z. B. Chassis.

4. Begrenzung der maximalen Auslenkung

Zum Begrenzen der maximalen Auslenkung ξ, die insbesondere beim Durchfahren der Resonanz des Feder-Masse-Systems sowie bei Stoßanregung auftreten kann, existieren prinzipiell folgende Möglichkeiten:

– Verwenden elastischer Elemente mit hohem Verlustfaktor (z. B. Stahlfedern durch Gummielemente ersetzen oder Stahl und Gummi kombinieren, B i l d e r 6 - 1 0 und 6 - 1 1);

– Anordnen von Anschlägen an der elastischen Aufhängung der Erregerbaugruppe (B i l d 6-12).

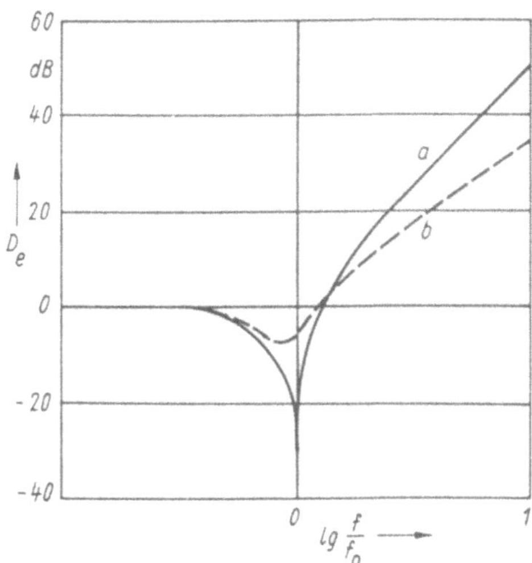

Bild 6-10. Qualitativer Verlauf der Einfügungsdämmung D_e (für $f < f_{01}$).

a bei Stahlfedern; b bei Gummifedern [9].

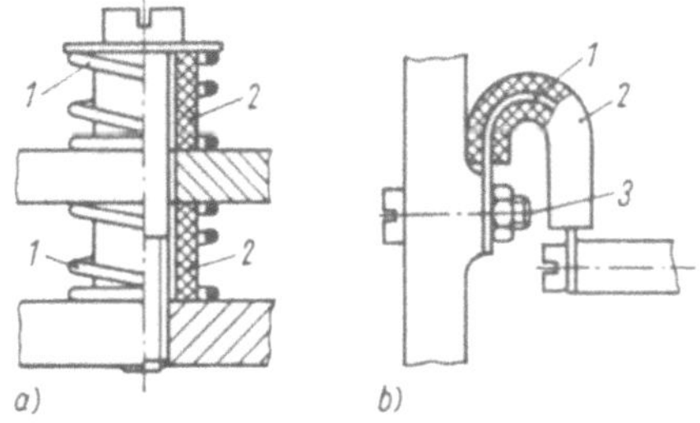

Bild 6-11. Erhöhen des Dämpfungsvermögens einer elastischen Verbindung durch Kombination von Stahlfedern und Gummi.
a) Schraubenfedern 1 und innenliegendes Gummischlauchstück 2; b) Blattfeder 1 mit Isolierschlauch 2 überzogen und Anschlag 3 bei zu großer Auslenkung.

Beim Einsatz von Gummi oder einem ähnlichen viskoelastischen Werkstoff ist noch zu beachten, daß

– derartige Materialien inkompressibel sind, d. h. es muß eine Möglichkeit für das Ausweichen des Materials bei Belastung gegeben sein (B i l d 6-13);

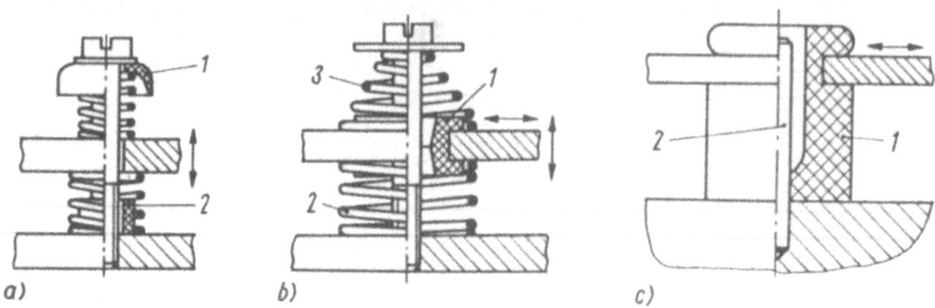

Bild 6-12. In die elastische Befestigung integrierte Anschläge.
a) in vertikaler Richtung wirksames Gummiformteil 1 bzw. Gummiring 2; b) in horizontaler und vertikaler Richtung wirksames Anschlagteil 1 und zylindrische Schraubenfeder 2, besser geeignet als eine kegelige Feder; c) in horizontaler Richtung wirksamer Anschlag des schubbeanspruchten Gummiformteils 1 am Stift 2.

- die dynamische Steifigkeit größer ist als die statische, wobei $c_{dyn} \approx (1 \text{ bis } 4) \cdot c$ bei Raumtemperatur;
- Schubbelastung günstiger ist als Druck- oder Zugbelastung.

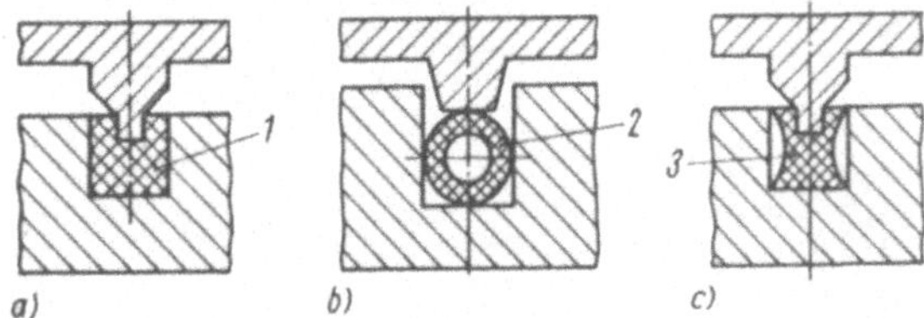

Bild 6-13. Berücksichtigung der Inkompressibilität von Gummi.
a) falscher Einbau (das elastische Material 1 kann schlecht ausweichen); b) Gummischlauch 2 zur Schwingungsisolierung an einer linienförmigen Befestigungsstelle; c) bessere Lösung der Variante a) mit Gummiformteil 3.

6.1.5 Abschätzung der Wirksamkeit zusätzlicher Dämpfungsmaßnahmen

Bei feinwerktechnischen Strukturen liegt der optimale Verlustfaktor $\eta_{opt} \approx 0,1$ in den meisten Fällen bereits vor (s. Abschnitt 3.1.2). Bei periodisch oder stochastisch körperschallerregten Bauteilen reicht es deshalb meist, diesen Wert anzunehmen. Die Messung von η bleibt Sonderfällen vorbehalten (s. Abschnitt 4.2).

Mit Hilfe der Biegewellenlänge $\lambda_B(f_{err})$ bei der erregten Frequenz läßt sich der optimale Verlustfaktor η_{opt} berechnen. Zum Vereinfachen dieser Berechnung für

Stahl- und Aluminiumplatten kann Bild 6-14 verwendet werden. Zusätzliche Dämpfungsmaßnahmen sind nur dann erfolgversprechend, wenn $\eta_{opt} > \eta$ gilt. Die Pegelsenkung beträgt im Idealfall $\Delta L = 10 \lg(\eta/\eta')$ mit dem Verlustfaktor η' nach der Dämpfungsmaßnahme. Praktisch liegt sie um so niedriger, je mehr sich η dem optimalen Wert nähert.

Die Dämpfungseigenschaften können z. B. durch Entdröhnbeläge, eingeklebte Gummistreifen, Doppelbleche [35] oder aufgeschraubte "Reibleisten" verbessert werden (Tabelle 6-5).

Stoßartig körperschallerregte Teile neigen unter Umständen zum Nachklingen (s. Abschnitt 6.2). In einem solchen Fall ist η zu klein (meist $\eta \leq 10^{-3}$). Durch eine Erhöhung auf das $k$fache ($\eta' = k_\eta \cdot \eta$) wird im Idealfall eine Minderung des gemittelten Schnellepegels (jedoch nicht des Impuls-Spitzenwertes, vgl. Abschnitt 6.2) um $\Delta L = 10 \lg(\eta/\eta')$ erreicht. Die reale Pegelabnahme ist stets niedriger. Zum genaueren Abschätzen müssen der vorliegende Verlustfaktor η (Nachhallzeitmessung, s. Abschnitt 4.2), die während des Nachklingens dominierende Eigenfrequenz $f_{0\,i}$ des Bauteils (Frequenzanalyse, s. Abschnitt 4.2) sowie die Zeitdauer T zwischen den Anregungsimpulsen bekannt sein oder gemessen werden. Mit Hilfe von Bild 6-15 kann man aus dem Produkt $\eta \cdot f_{0\,i} \cdot T$ (Abszisse) die

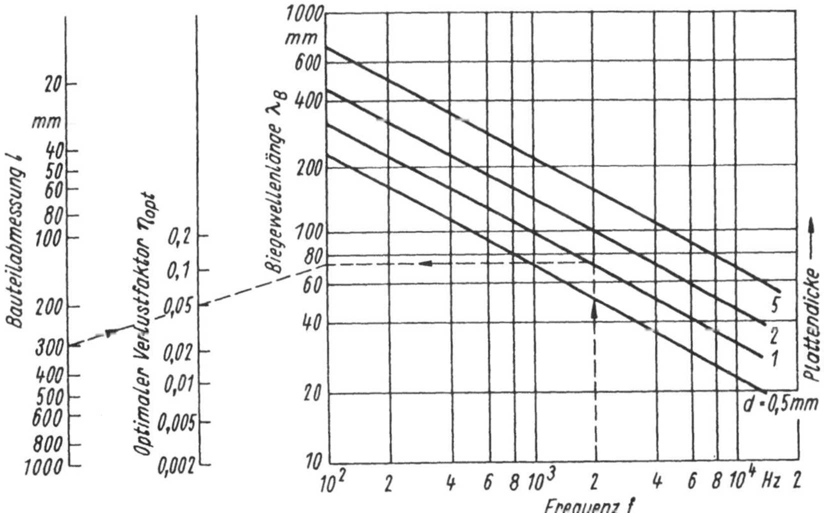

Bild 6-14. Ermittlung des optimalen Verlustfaktors η_{opt} von Stahl- bzw. Aluminiumblechteilen bei gegebener Frequenz, nach TATTERMUSCH [8] und HERKLOTZ [21].

Beispiel: Bei einer 1 mm dicken Platte mit der mittleren Abmessung $l = \sqrt{a \cdot b} = 300\,mm$ beträgt $\eta_{opt} \approx 0,05$, wenn Anregung mit 2 kHz erfolgt.

Tabelle 6-5. Möglichkeiten zum Erhöhen des Verlustfaktors bei Blechkonstruktionen ($\eta \approx 10^{-2} \cdot$ Faktor der Erhöhung); vgl. auch Tabelle 3-3.

Dämpfungsmaßnahme		Erhöhung des Verlustfaktors
Ersatz durch Kunststoff		bis 10
Dämpfungsbelag (Antidröhn, Phon-Ex)		bis 10
eingezwängter Dämpfungsbelag		bis 10
aufgeklebter Gummistreifen		bis 3
Doppelblechausführung		bis 3
aufgeschraubte, aufgenietete oder punktgeschweißte Reibleiste		bis 3
zusätzliche Verbindungsstelle		bis 3

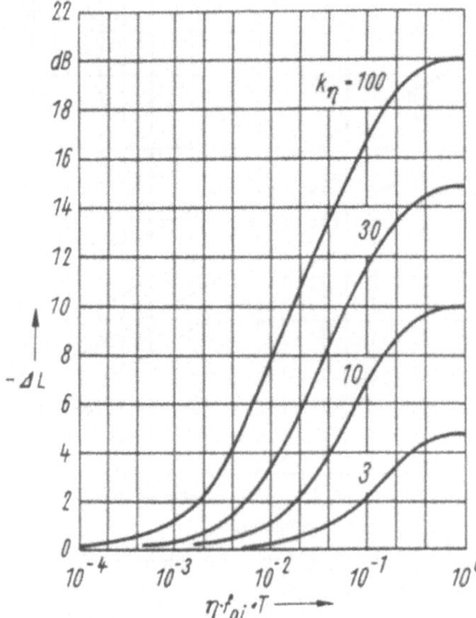

Bild 6-15. Erreichbare Schnellepegelabsenkung ΔL bei impulsartiger Anregung in Abhängigkeit vom vorhandenen Verlustfaktor η, von der Bauteileigenfrequenz $f_{0\,i}$ und von der Zeitdauer T zwischen den Anregungsimpulsen [11, 21].

Abnahme $(-\Delta L)$ des mittleren Schnellepegels bestimmen. Der Parameterbereich $k_\eta = 3$ bis 100 umfaßt etwa die praktisch mögliche Erhöhung des Verlustfaktors. Beispiele dazu enthält Tabelle 6-5.

6.2 Richtlinien zum Vermindern von Stoßgeräuschen

Die Vorgehensweise bei der Minderung von Stoßgeräuschen hängt entscheidend davon ab, ob es sich um funktionsnotwendige, d.h. nicht vermeidbare, oder um vermeidbare Stoßstellen handelt. Dazu muß zunächst eine Analyse durchgeführt werden. Erfahrungsgemäß sind die meisten Stoßstellen vermeidbar und bieten deshalb sehr viel bessere Voraussetzungen für eine Lärmminderung als die funktionsnotwendigen, die zudem meist noch dominierende Lärmquellen sind.

Bei funktionsbedingten Stößen werden im allgemeinen an der Stoßstelle bestimmte Parameter (Energie, Impuls, Kraft) benötigt. Demzufolge kann Lärm im wesentlichen nur durch (akustisches) Optimieren gemindert werden, wenn das Funktionsprinzip beibehalten werden soll (das Schaltgeräusch eines Schützes z. B. läßt sich nur verringern, aber nicht beseitigen). Vermeidbare Stöße dagegen sind nicht an eine notwendige Spitzenkraft oder Energie gebunden. Die geräuschbestimmenden Parameter (Impuls usw.) können wesentlich beeinflußt werden, oder man kann ein geräuschloses Funktionsprinzip wählen.

6.2.1 Vermeiden oder Reduzieren von Stoßstellen

Entsprechend Abschnitt 5.1 läßt sich die größte Pegelminderung in einem Gerät dann erzielen, wenn die lärmintensiven Vorgänge durch lärmarme Prinzipien ersetzt werden (T a b e l l e 6 - 6) [8].

6.2.2 Minderung des Stoßgeräusches durch Verringern des Stoßimpulses

Die wirksamste Maßnahme zum Verringern des von einer Stoßstelle erzeugten Geräusches ist das Beeinflussen des Stoßimpulses $I = m_{St} \cdot v_{St}$. Welche Pegelabsenkung des gesamten Spektrums bei Vermindern der Stoßgeschwindigkeit v_{St1} bzw. der Stoßmasse m_{St1} auf v_{St2} bzw. m_{St2} erreichbar ist, läßt sich mit folgender Gleichung ermitteln:

$$\Delta L = \left[20 \; \lg\left(\frac{m_{St2}}{m_{St1}}\right) + 20 \; \lg\left(\frac{v_{St2}}{v_{St1}}\right)\right] \text{dB}; \tag{6.5}$$

1 Ausgangszustand; 2 veränderte Größe.

Ein Halbieren jeder Einflußgröße bewirkt 6 dB Pegelminderung [26].

Tabelle 6-6. Lärmarme Verfahrensprinzipe, s. auch Tabelle 1-4 und [13].

Lärmintensive Lösung	Lärmarme Lösung
a) Ablösen des mechanischen Prinzips durch nichtmechanisches (z. B. elektrisches) Prinzip:	
mechanisches Drucken	Thermodruck, Tintenstrahldruck
Schrittgetriebe	Schrittmotor
Schaltschütz, mechanischer Zerhacker	elektronischer Schalter (Triac, Thyristor, Transistor)
mechanischer Schalter (Kippschalter, Taste)	Sensorschalter
b) Völliges Vermeiden von Stoßstellen — Übergang zu kontinuierlichen Vorgängen:	
Schritttransport des Films im Laufbildprojektor (Filmgreifer)	konstanter Filmtransport mit Drehprisma zum optischen Ausgleich
schaltbarer Kanalwähler	kontinuierliche Senderabstimmung
Antrieb des Scherkopfes im Rasierapparat durch Klapp- oder Schwinganker	rotierender Scherkopf, durch Motor angetrieben
c) Zielgerichtete Gestaltung derart, daß die auftretenden Stöße keinen wesentlichen Anteil am Gesamtgeräusch erzeugen:	
Formgesperre (Rastgesperre)	Reibgesperre
Zahnrichtgesperre	"Stummes" Gesperre
Malteserkreuzgetriebe	Reibradgetriebe (Schrittgetriebe)
Klinkenschrittgetriebe mit bewegter Klinke	Schrittgetriebe mit Reibgesperre

Je nach Funktion der Stoßstellen lassen sich folgende Hinweise für das Senken des Impulses herleiten:

1. Bei einer Stoßstelle zum Begrenzen der Bewegung eines Bauteils muß der Zusammenhang zwischen antreibender Energie (z. B. Feder) und bewegter Masse m_{St} sowie der Geschwindigkeit v_{St} beachtet werden. Gleiches trifft für das Beispiel im B i l d 6 - 1 6 zu.

   Ein Verringern der stoßenden Masse m_{St} bewirkt nur dann Verbesserungen, wenn gleichzeitig die antreibende Energie reduziert wird, so daß sich die Stoßgeschwindigkeit nicht erhöht (ein Halbieren der Stoßmasse würde bei gleicher Energie die Stoßgeschwindigkeit vervierfachen). Beispiele enthalten die B i l d e r 6 - 1 7 und 6 - 1 8 .

2. Ist an der Stoßstelle eine bestimmte Energie W_k notwendig, so kann diese mit Hilfe einer definierten Stoßmasse m_{St} und Stoßgeschwindigkeit v_{St} erreicht werden:

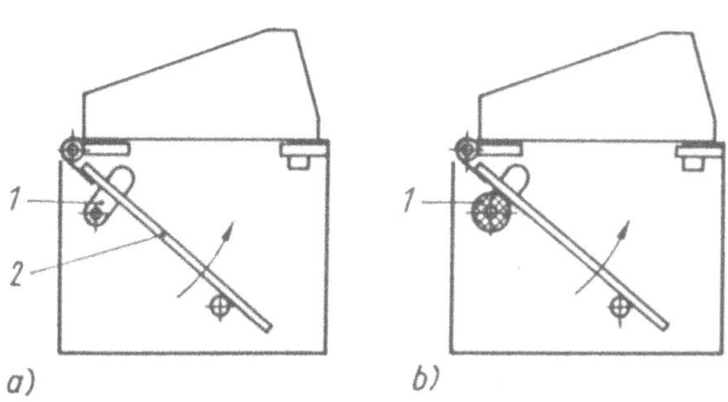

Bild 6-16. Spiegelbaugruppe einer Spiegelreflexkamera.
a) der den Spiegel antreibende Hebel 1 schlägt auf den Spiegelträger 2; b) Aufschlagimpuls des Spiegelantriebshebels 1 durch elastische Umhüllung minimiert.

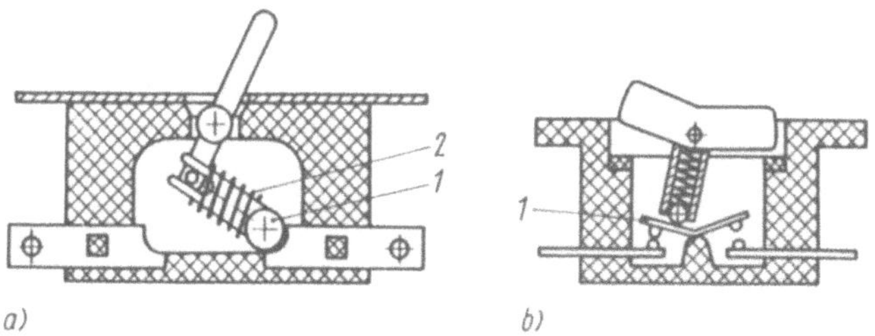

Bild 6-17. Kippschalter.
a) hohes Schaltgeräusch durch starken Stoßimpuls infolge großer Masse des Kontaktbolzens 1 und kräftiger Feder des Kippsprungwerkes; b) Schalter mit Wippe ergibt geringes Geräusch aufgrund kleiner Masse der Kontaktwippe 1 und der kleinen erforderlichen Federkraft (zusätzliche Verbesserung durch elastische Anschläge des Knopfes).

$$W_{\mathrm{k}} = \frac{m_{\mathrm{St}} \cdot v_{\mathrm{St}}^2}{2}. \tag{6.6}$$

Aus Gl. (6.6) läßt sich herleiten, daß es günstiger ist, die stoßende Masse groß und die Stoßgeschwindigkeit klein zu wählen. Verdoppelt man z. B. die Masse, kann die Geschwindigkeit auf ein Viertel reduziert werden (dies entspricht einer Pegelminderung von 6 dB). Bei einem Typenrad-Druckmagnet z. B. erbrachte das Verdoppeln der Ankermasse bei gleichbleibender Druckenergie etwa 4 dB Pegelsenkung.

Zusätzlich verändert die Beeinflussung von Masse und Geschwindigkeit die Stoßdauer. Auch deshalb sollte bevorzugt die Stoßgeschwindigkeit minimiert werden.

Zu ergänzen ist, daß in der Mehrzahl der praktisch auftretenden Stoßstellen das Verringern des Auftreffimpulses sehr wirkungsvoll erscheint, da häufig vor allem die Auftreffgeschwindigkeit unbegründet hoch liegt.

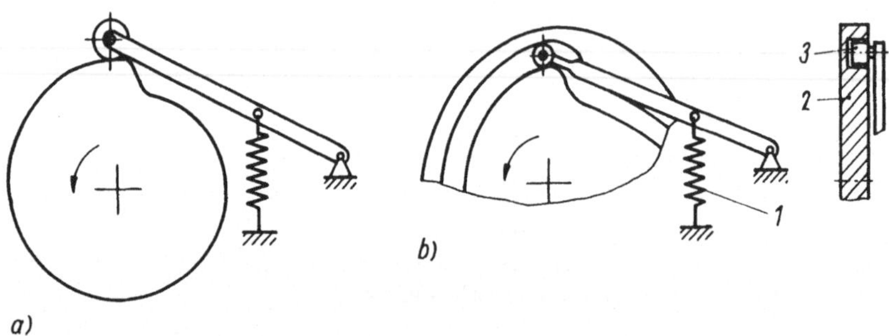

Bild 6-18. Kurvengetriebe.
a) Stoßgeräusch infolge Abhebens des Abtasthebels von der Kurvenscheibe bei hohen Beschleunigungen; b) zwangsgeführter Abtasthebel vermeidet Aufschlaggeräusch (zum Vermindern des Geräusches aufgrund des Spieles zwischen Abtastrolle 3 und Nut in Kurvenscheibe 2 kann die zusätzliche Feder 1 angebracht oder eine Abtastrolle 3 aus nachgiebigem Material eingesetzt werden).

6.2.3 Beeinflussung der Stoßanregung durch Verändern der Stoßdauer

Eine längere Stoßdauer (Dauer der Kraftwirkung zwischen den Stoßteilen) senkt das Stoßgeräusch erheblich. Diese Möglichkeit ist anwendbar, wenn durch Beeinflussen des Stoßimpulses kein ausreichendes Ergebnis zu erzielen ist. Die Wirkung der Lärmminderung beruht auf den durch die Stoßdauerverlängerung hervorgerufenen Einschränkungen des angeregten Körperschallspektrums, das bis $f = 1/\tau$ konstant ist. Verdoppelt man die Stoßdauer τ bei gleichbleibendem Auftreffimpuls, wird ein um 3 dB geringerer Körperschall erzeugt. [26].

Die Stoßdauer hängt von sehr vielen Parametern ab. Je größer z. B. die Nachgiebigkeit ist (geringe Steifigkeit), desto länger dauert der Stoß. Diese Tendenz kann man erreichen

a) hauptsächlich durch einen geringen Elastizitätsmodul (größere Pressung des Materials) oder

b) durch eine geringe Biegesteife des Bauteils.

Für Fall a) und unter der Voraussetzung, daß die Masse m_2 des gestoßenen Körpers im Vergleich zur Stoßmasse m_{St} groß ist ($m_2 \gg m_{St}$) und beim Stoß in Ruhe bleibt, gelten die folgenden vier Gleichungen für die Abhängigkeit der Stoßdauer:

— Stoßdauer steigt mit fallendem Elastizitätsmodul E

$$\tau \approx \left(\frac{1}{E}\right)^{0,4};$$ (6.7a)

— Stoßdauer steigt mit wachsender Stoßmasse

$$\tau \approx m_{St}^{0,4};$$ (6.7b)

— Stoßdauer steigt mit sinkender Stoßgeschwindigkeit

$$\tau \approx \left(\frac{1}{v}\right)^{0,2};$$ (6.7c)

— Stoßdauer steigt mit kleiner werdendem Berührungsradius

$$\tau \approx \left(\frac{1}{R}\right)^{0,2}.$$ (6.7d)

Sinnvoll für konstruktive Veränderungen ist neben dem Elastizitätsmodul (B i l d 6-19) das Verringern der Stoßgeschwindigkeit und, allerdings mit geringerer Wirkung, die des Berührungsradius. Das Erhöhen der Masse würde sich dagegen negativ auswirken, da der Stoßimpuls ansteigt. Ein zielgerichtetes Verlängern der Stoßdauer um den Faktor y erfordert eine $n$fache Veränderung des Elastizitätsmoduls:

$$n = y^{2,5} \qquad (E_{neu} = n \cdot E; \quad \tau_{neu} = y \cdot \tau).$$ (6.8)

Soll z. B. die Stoßdauer τ von 50 μs auf 500 μs verlängert werden, muß der Elastizitätsmodul 316fach kleiner sein (entspricht z. B. dem Übergang von Stahl auf Kunststoff).

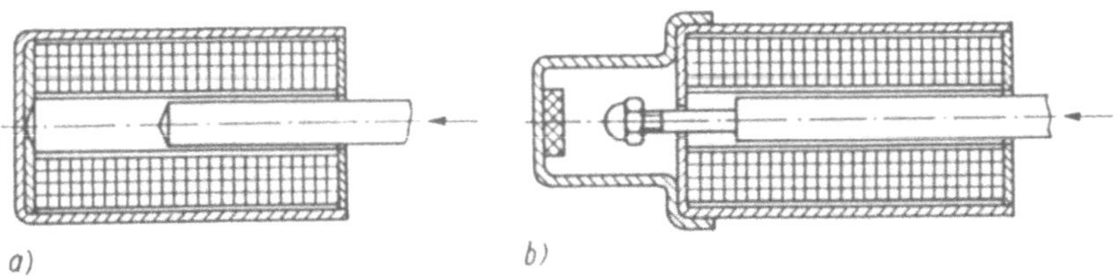

Bild 6-19. Zugmagnet.
a) mit ungedämpftem Anschlag; b) mit elastischem Werkstoff zur Stoßdämpfung (Pegelminderung $\Delta L \approx 5$ bis 10 dB).

Fall b) erfordert, Stoßstellen biegeweich zu gestalten (z. B. Einsatz federnder Anschläge). Durch Verringern der Biegesteife erreicht man meist eine deutlichere Verlängerung der Stoßdauer als durch elastische Zwischenlagen.

Um Eigenschwingungen und Prellerscheinungen des Systems Anschlag und Stoß-masse klein zu halten, wird häufig der federnde Anschlag mit Dämpfungselementen gekoppelt (z. B. Reibung zwischen den Elementen geschichteter Blattfedern, Bild 6-20).-

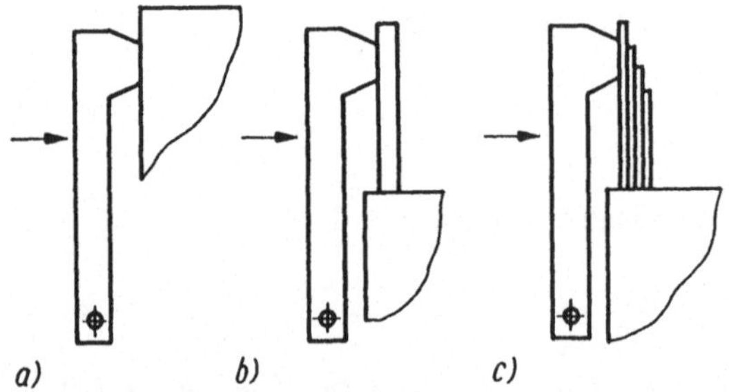

Bild 6-20. Starrer Hebelanschlag.
a) hohes Stoßgeräusch; b) lärmmindernder Hebelanschlag durch eine Biegefeder; c) federnder Anschlag mit verbesserter Wirkung aufgrund der geringen Masse an der Berührungsstelle und der Reibwirkung zwischen den Blattfedern.

Der angeregte Körperschall oberhalb f_τ hängt vom qualitativen Kraft-Zeit-Verlauf beim Stoß ab. Dieser ergibt sich aus dem Elastizitätsgesetz (Federkennlinie) an der Stoßstelle. Ein linearer Zusammenhang zwischen Kraft und Verformung, wie er für metallische Stöße typisch ist, hat einen halbsinusförmigen Kraft-Zeit-Verlauf zur Folge. Sinusquadratähnliches Verhalten (steiler Abfall des Spektrums oberhalb f_τ) erreicht man durch eine progressiv steigende Federkennlinie (Bild 6-21). Das erfordert den Einsatz entsprechender Werkstoffe oder speziell gestalteter Federelemente (Bilder 6-22 und 6-23).

Funktionelle und konstruktive Forderungen an die Stoßstelle (sie kann nicht "beliebig weich" werden) schränken die Verlängerung der Stoßdauer ein. Liegen solche einschränkende Forderungen vor, läßt sich die Stoßdauer durch zusätzliche Bauelemente beeinflussen. Sie bauen die Stoßenergie vor dem Auftreffen der Stoßteile zum Beispiel durch Reibung ab (Bild 6-24).

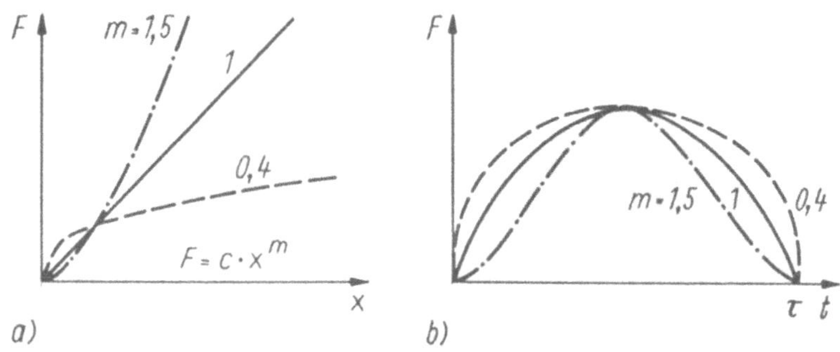

Bild 6-21. Elastizitätsgesetze.
a) für verschiedene Werkstoffe ($m = 1$, z. B. Stahl; $m > 1$, z. B. Gummi; $m < 1$, z. B. Tellerfeder); b) Stoßkraftverläufe, hervorgerufen durch verschiedene Elastizitätsgesetze an der Stoßstelle.

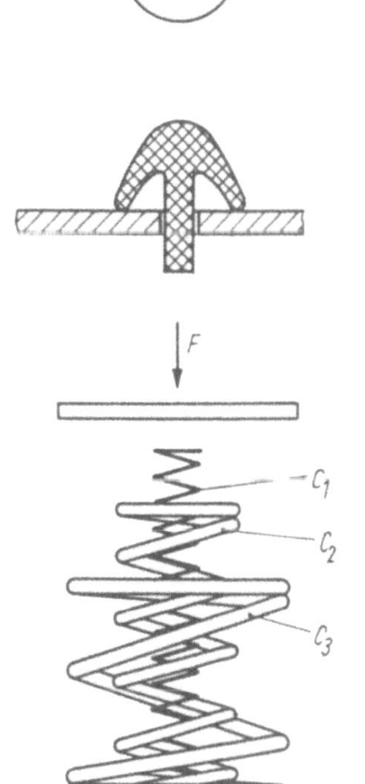

Bild 6-22. Beispiel für ein Stoßstellenelement mit progressivem Elastizitätsgesetz ($m > 1$).

Bild 6-23. Federkombination mit progressivem Elastizitätsgesetz ($c_1 < c_2 < c_3$).

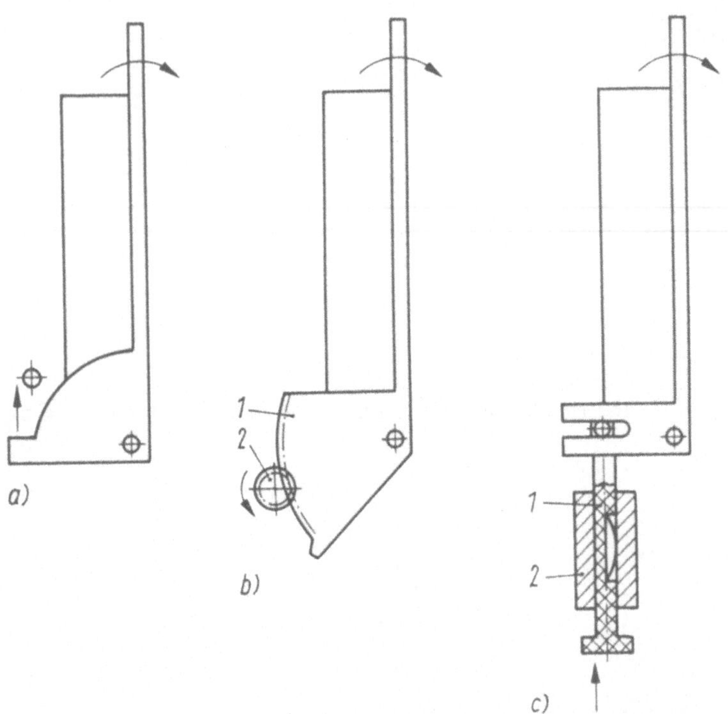

Bild 6-24. Anschläge eines Kassettenfachdeckels.
a) ungedämpft; b) lärmmindernder Anschlag durch Zusatzelement (Zahnsegment 1 treibt ein reibungsgedämpftes Zahnrad 2); c) "Stoßdämpfer"-Prinzip (Reibung des Bolzens 1 in der Führung 2).

6.2.4 Konstruktive Gestaltung von Stoßstellen

Die konstruktive Auslegung einer Stoßstelle nach akustischen Gesichtspunkten erfordert eine hohe Nachgiebigkeit, einen großen Verlustfaktor sowie eine kleine Berührungsfläche (kleiner Berührungsradius). Werkstoffe, die diese Ansprüche erfüllen, sind Kunststoffe (Elastomere), die allerdings eine geringe zulässige Flächenpressung aufweisen. Außerdem sind sie durch ein ausgeprägtes Kriechverhalten gekennzeichnet [16, 19].

Infolge hoher Spitzenkräfte (hohe Flächenpressung) und vor allem bei einer dichten und andauernden Stoßfolge wird ein weicher Stoßstellenwerkstoff zerstört oder seine elastischen Eigenschaften vermindern sich aufgrund der Kriecherscheinungen. Ein Schichtaufbau mit Elastomeren beseitigt diese Nachteile. Konstruktiv ist der Schichtaufbau so zu gestalten, daß der elastische Werkstoff mit einer dünnen und härteren Auflage versehen wird (Bild 6-25). Allerdings verschlechtern sich die akustischen Eigenschaften gegenüber reinen Elastomeren geringfügig (härterer Stoß, breiteres Spektrum). Hier muß ein Optimum zwischen akustischen und konstruktiven Forderungen gefunden werden. Zu beachten ist dabei, daß die zusätzlich aufgebrachte Schicht (meist Metall) eine kleine Oberfläche haben sollte, da sie die Steifigkeit der Stoßstelle erhöht und einen höheren Schallpegel (s. Abschnitt 6.3) abstrahlt.

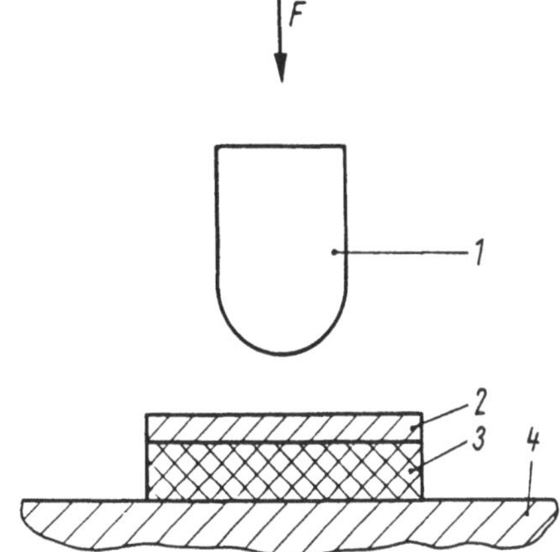

Bild 6-25. Prinzip des Schichtaufbaus.

1 Stoßteil, Hebel; 2 harte Schicht; 3 elastisches Material; 4 Chassis.

Die Beispiele in Tabelle 6-7 demonstrieren die Auswirkungen des Schichtaufbaus auf den erzeugten Schallpegel. Hierbei ist neben der Kombination Stahl/-Gummi z. B. die Materialpaarung Stahl/PUR für höhere Energien und PVC/Moosgummi bei geringen Energien anwendbar.

Tabelle 6-7. Änderung des Schalldruckpegels bei Variation des Schichtaufbaus an einem Stoßmodell (gemessen in 20 cm Entfernung).
1 stoßende Masse; 2 Stahlblech; 3 Gummi; 4 Grundkörper mit am Umfang eingespannter Platte mit Durchmesser 50 mm; Impuls $I = m \cdot v =$ konst.; Maße in mm.

Prinzipieller Aufbau	a	b	c
I = const.		$20 \times 20 \times 1$	$20 \times 20 \times 1$ $20 \times 20 \times 0,5$
	$L_{pAI} = 82\,dB$	$66\,dB$	$75\,dB$
	d	e	f
	$20 \times 20 \times 1$ $5 \times 5 \times 0,5$	$20 \times 20 \times 3$ $5 \times 5 \times 0,5$	$20 \times 20 \times 3$ $20 \times 20 \times 0,5$
	$L_{pAI} = 69\,dB$	$67\,dB$	$71\,dB$

6.3 Richtlinien zum Verringern der Schallabstrahlung

Die Schallabstrahlung von flächigen Bauteilen läßt sich durch Ausnutzen des akustischen Kurzschlusses (Druckausgleich zwischen Vorder- und Rückseite) erheblich vermindern. Hinweise hierzu geben die nächsten Abschnitte. Danach wird der Übergang von der Beeinflussung der Schallabstrahlung zur Schallausbreitung behandelt. Die dabei angewandte Oberflächenbeschichtung mit schallabsorbierendem Material kann die Schallemission verringern.

Die bereits in Abschnitt 3 angeführte Verringerung des Abstrahlgrades durch Einsatz schwerer und biegeweicher Platten läßt sich in der Feinwerktechnik nur in Ausnahmefällen realisieren und soll deshalb hier nicht weiter diskutiert werden.

6.3.1 Anwendung durchbrochener Flächen für abstrahlende Bauteile

Ein Druckausgleich zwischen Vorder- und Rückseite plattenförmiger Bauteile vermindert deren Schallabstrahlung. Die Wirksamkeit dieser Maßnahme hängt von der Größe und der Anordnung der Durchbrüche ab. Untersuchungen an gelochten Platten mit den Abmessungen 265 mm x 290 mm bei punktförmiger Anregung erbrachten die im folgenden dargestellten Ergebnisse, wobei gilt:

$$\Delta L = L_{p\ \text{Vollplatte}} - L_{p\ \text{Lochplatte}} . \tag{6.9}$$

● **Lochflächenanteil** q'

Im B i l d 6 - 2 6 ist die mögliche Schallpegelminderung durch Löcher in Abhängigkeit vom Lochflächenanteil $q' = (A_{\text{Lochfläche}}/A_{\text{gesamt}}) \cdot 100\ \%$ der Platte dargestellt. Je nach Anregungsart, Werkstoff und Materialdicke kann abgeschätzt werden, daß bei rund 20 % Lochflächenanteil eine ausreichende Pegelabsenkung erreicht wird.

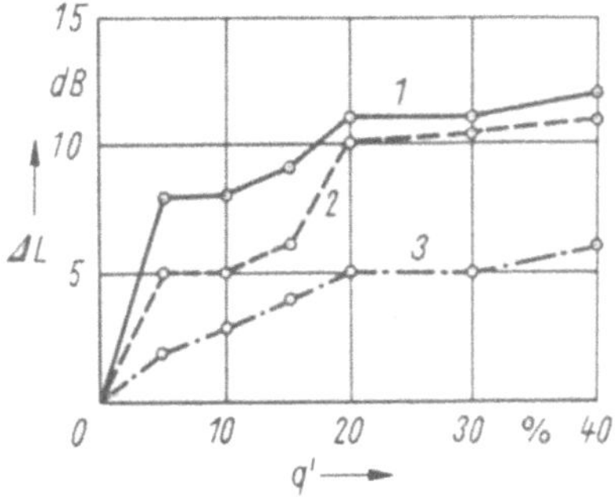

Bild 6-26. Minderung der Schallabstrahlung von gelochten Platten gegenüber Vollmaterial bei breitbandiger Schnelleanregung [45].

Lochdurchmesser d_L = 10 mm; 1 PVC 1,5 mm dick; 2 PVC 5 mm dick; 3 Stahlblech 1 mm dick.

● **Einfluß des Lochdurchmessers** d_L

Je kleiner die Durchbrüche gewählt werden (B i l d 6 - 2 7), um so größere Pegelminderungen sind bei gleichem Flächenanteil erreichbar. Ursache dieser Tendenz sind die bei gleichem Lochflächenanteil geringeren Abstände zwischen den Öffnungen. Dadurch ist der akustische Kurzschluß besser gewährleistet. Besonders bei kleinen Öffnungen genügen schon kleine Flächenanteile (rd. 5 %), um große Wirkung zu erzielen.

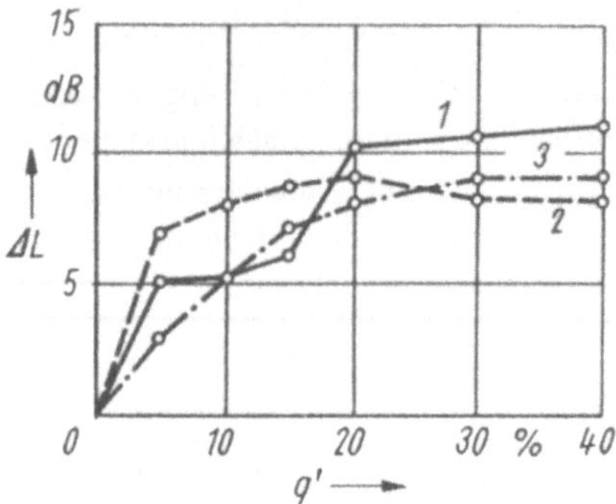

Bild 6-27. Einfluß des Lochdurchmessers d_L auf die Minderung der Schallabstrahlung von gelochten Platten bei breitbandiger Schnelleanregung [45].

PVC 1,5 mm dick; 1 d_L = 6 mm; 2 d_L = 10 mm; 3 d_L = 20 mm.

● **Einfluß der Lochanordnung**

Vorteilhaft ist das Anordnen der Öffnungen möglichst dicht an der Anregungsstelle (B i l d 6 - 2 8). Schon bei geringem Lochflächenanteil ist eine große Pegelabsenkung erreichbar. Das Anwenden dieser Maßnahme kann besonders bei Materialien mit hohem Verlustfaktor oder bei stoßartiger Anregung empfohlen werden, da in diesen Fällen die Nahfeldabstrahlung überwiegt.

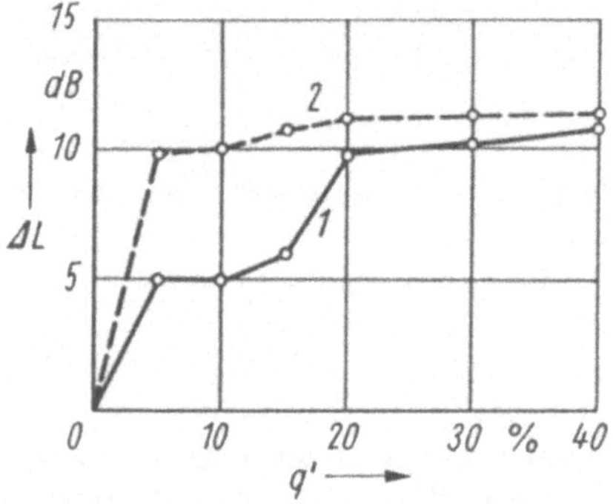

Bild 6-28. Einfluß der Öffnungsanordnung auf die Minderung der Schallabstrahlung von gelochten Platten bei breitbandiger Schnelleanregung [45].

PVC 1,5 mm dick; d_L = 10 mm; 1 gleichmäßige Öffnungsverteilung auf der Platte; 2 um die Anregungsstelle konzentrierte Öffnungsanordnung.

▶ **Beispiele**

1. Zahnräder und Kurvenscheiben unterliegen durch ihre Funktion einer starken
   Körperschallanregung. Zum Verringern der Schallabstrahlung sollten sie als
   Speichenräder (B i l d 6 - 2 9 a) oder mit Bohrungen (Bild 6-29b) ausgeführt
   werden. Dies ist ebenfalls für Zahnriemen- und Keilriemenscheiben anwendbar
   [16].

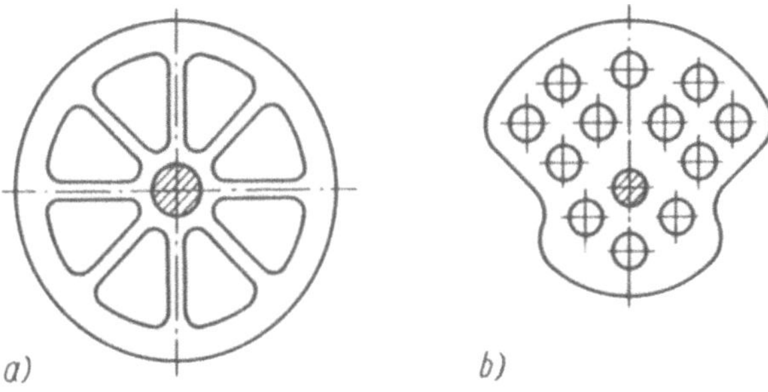

Bild 6-29. Verringern der Schallabstrahlung durch Öffnungen.
a) Zahnrad mit Stegen; b) Kurvenscheibe mit Bohrungen.

2. Beim inneren Geräteaufbau werden oft Bleche zu Befestigungszwecken genutzt.
   Im B i l d 6 - 3 0 ist dargestellt, wie sich durch Öffnungen die Schallabstrahlung
   verringern läßt. Das Beeinträchtigen der Steifigkeit kann man durch Rippen
   vermindern. Zu beachten ist jedoch, daß die Rippenhöhe h nicht zu groß sein
   darf (*Richtwert*: $h_{max} < 10$ mm), oder daß die Versteifungen ebenfalls mit
   Öffnungen zu versehen sind.

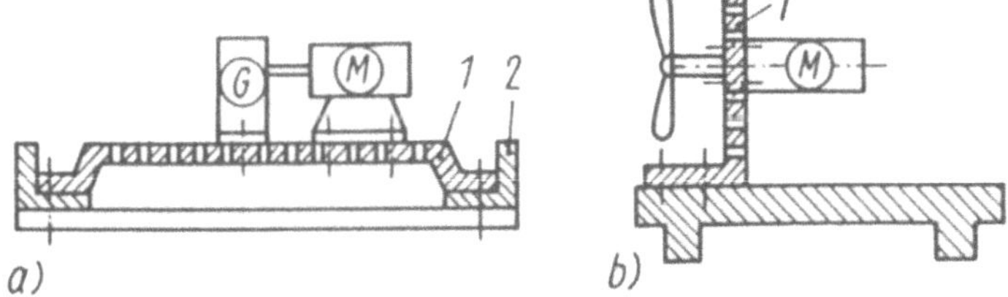

Bild 6-30. Verringern der Schallabstrahlung durch Öffnungen.
a) Lochblech 1 in Winkelrahmen 2; b) gelochter Haltewinkel 1.

Weitere Möglichkeiten des Anwendens von gelochten Abdeckungen ergeben sich für Abschirmungen sowie als Berührungsschutz im elektronischen Gerätebau. (*Hinweis*: Diese Maßnahme ist nur dann anwendbar, wenn die Ausnutzung dieser Hauben zur Luftschalldämmung nicht erforderlich ist; s. Abschnitt 6.4).

6.3.2 Reduzieren der Oberfläche durch Verändern der Bauteilgeometrie

Das Verringern der Oberfläche von plattenförmigen Bauteilen ermöglicht einen Druckausgleich um die Kanten. Zum Abschätzen der erreichbaren Pegelabsenkung sind in [8] Berechnungsverfahren in Abhängigkeit von den Einbaubedingungen angegeben. Da der akustische Kurzschluß nur bei tiefen Frequenzen wirkt, muß zuerst die Frequenzgrenze f_D oder f_M ermittelt werden, oberhalb der keine Pegelminderung auftritt.

Für eine *freischwingende Platte* (B i l d 6 - 3 1 a) gilt

$$f_\mathrm{D} \approx \frac{36}{\sqrt{A}} \quad \text{in kHz};$$
(6.10)

A in cm^2.

Für die Fläche A sind beide abstrahlenden Seitenflächen einzusetzen, und unterhalb dieser Frequenz verringert sich die Abstrahlung um 40 dB je Frequenzdekade (B i l d 6 - 3 2 a). Die Schallpegelminderung ΔL bei Verkleinerung der Oberfläche ergibt sich zu

$$\Delta L = 10 \lg \left(\frac{A_1}{A_2}\right)^2 \text{dB};$$
(6.11)

A_1 große Fläche; A_2 verkleinerte Fläche.

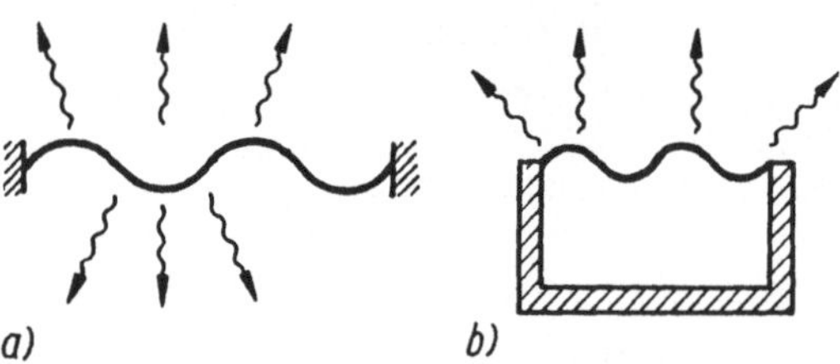

Bild 6-31. Zwei Varianten von schwingenden Platten mit unterschiedlichem Abstrahlverhalten. a) frei schwingende Platte (Dipolstrahler); b) einseitig abgedeckte Platte (Monopolstrahler).

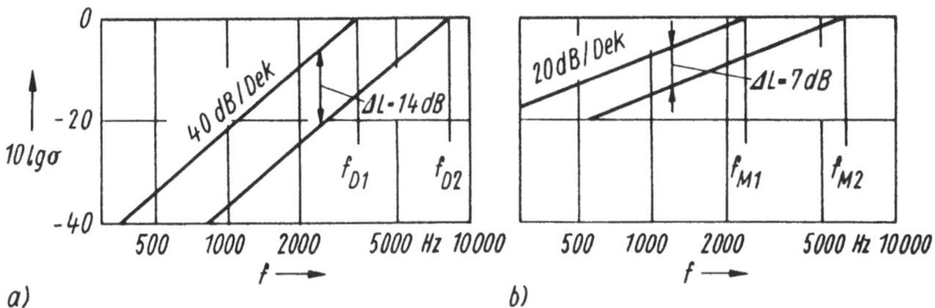

Bild 6-32. Verlauf des Abstrahlgrades für zwei Platten gemäß Bild 6-31a und b.

Für eine *einseitig abstrahlende Fläche* (Bild 6-31b) gilt

$$f_\mathrm{M} \approx \frac{19}{\sqrt{A}} \quad \text{in kHz};$$
(6.12)

A in cm^2.

Für die Fläche A ist in diesem Fall nur eine Seitenfläche einzusetzen, und der Abstrahlgrad verringert sich nur um 20 dB je Frequenzdekade (Bild 6-32b). Damit ist auch die Schallpegelminderung bei Verkleinerung der Oberfläche geringer, und man erhält

$$\Delta L = 10 \lg\left(\frac{A_1}{A_2}\right) \text{ dB}.$$
(6.13)

▶ **Beispiele**

1. Die Oberfläche eines Befestigungsblechs läßt sich z. B. entsprechend B i l d 6 - 3 3 a und b von 50 cm^2 auf 10 cm^2 verringern. Wie groß sind die zu erwartenden Pegelminderungen?

Fall 1 (s. auch Bild 6-32a)

$$f_\mathrm{D1} \approx \frac{36}{\sqrt{2\cdot 50}} \text{ kHz} = 3{,}6 \text{ kHz};$$

$$f_{D2} \approx \frac{36}{\sqrt{2 \cdot 10}} \text{ kHz} = 8{,}0 \text{ kHz};$$

$$\Delta L = 10 \cdot \lg \left(\frac{A_1}{A_2}\right)^2 = 14 \text{ dB}.$$

Fall 2 (s. auch B i l d 6 - 3 2 b)

$$f_{M1} \approx \frac{19}{\sqrt{50}} \text{ kHz} = 2{,}7 \text{ kHz};$$

$$f_{M2} \approx \frac{19}{\sqrt{10}} \text{ kHz} = 6{,}0 \text{ kHz};$$

$$\Delta L = 10 \cdot \lg \left(\frac{A_1}{A_2}\right) = 7 \text{ dB}.$$

2. Durch Verringern der Oberfläche eines Blechs (B i l d 6 - 3 3 a) auf etwa 20 %
   (B i l d 6 - 3 3 b) kann bei Stoßanregung eine Pegelminderung von 7 dB erreicht
   werden. Minimale Oberflächengröße erhält man bei Verwendung eines Draht-
   biegeteils (B i l d 6 - 3 3 c). Die dadurch erzielte Pegelminderung beträgt 16 dB.

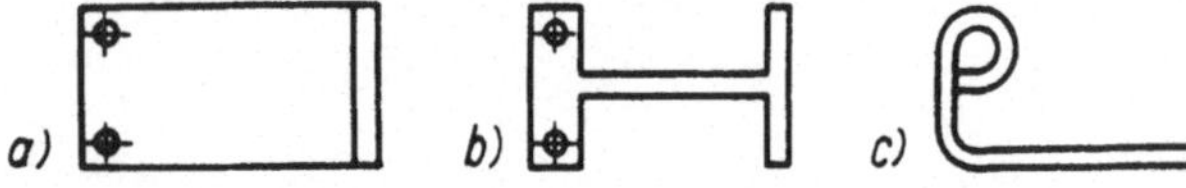

Bild 6-33. Lärmminderung durch Verkleinern der Oberfläche.
a) L_p = 84 dB; b) L_p = 77 dB; c) L_p = 68 dB.

6.3.3 Verringern der Schallabstrahlung durch Oberflächenbeschichten

Wenn die in den vorangestellten Richtlinien genannten Maßnahmen, wie elastisches
Ankoppeln, Entdröhnen oder Durchbrüche keinen ausreichenden Erfolg gewährleisten oder nicht angewendet werden können, besteht die Möglichkeit, schallabsorbierendes Material in Verbindung mit einer Schalldämmschicht (z. B. Kunst-
stoffolie) auf der Oberfläche anzuordnen (s. Tabelle 5-4, Regel 4).

Das Dimensionieren kann näherungsweise entsprechend den Richtlinien zur Schalldämmung und Schallabsorption (s. Abschnitt 6.4) erfolgen. Im B i l d 6 - 3 4 ist die
frequenzabhängige Pegelminderung für kleine Platten dargestellt. Es werden Werte
von $\Delta L \approx 4$ bis 8 dB erreicht. Beim Verwenden von Folien mit größeren Flächen-
massen ($m' \approx$ kg/m^2) sind noch höhere Werte für die Pegelminderung zu erwar-

ten. Da es sich bei dieser Anordnung um ein Feder-Masse-System handelt, ist mit Einbrüchen der Schallpegelminderung durch Resonanzerscheinungen zu rechnen. Bei der konstruktiven Ausführung ist deshalb zu beachten, daß möglichst weicher Absorptionswerkstoff Verwendung findet und kein Klebstoff in die Absorberschicht eindringen kann. Letzteres bewirkt zusätzlich ein Verschließen der Poren und vergrößert die Biegesteife. Dadurch kann die Maßnahme wirkungslos bleiben oder in extremen Fällen sogar zu Pegelerhöhungen führen.

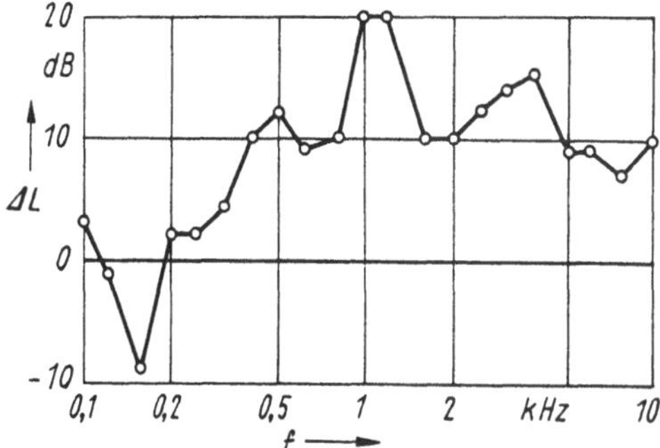

Bild 6-34. Frequenzverlauf der Pegelminderung ΔL bei einer Stahlplatte (Abmessungen 265 mm $\times$ 290 mm $\times$ 1 mm) mit Oberflächenbeschichtung (Mineralwolle 20 mm dick; flächenspezifische Masse $m' = 1$ kg/m^2).

6.4 Richtlinien zum Verringern der Schallausbreitung durch Kapseln

Wenn aktive Maßnahmen zur wirkungsvollen Lärmminderung nicht anwendbar oder ausreichend sind, bleibt als Alternative noch das Kapseln, d. h. das Unterbrechen der Luftschallausbreitung. In den meisten Fällen bedeutet dies jedoch erhöhten ökonomischen Aufwand und zusätzlichen Platzbedarf. Bevor die Entscheidung zum Bau einer Kapsel fällt, sollte man sich über die möglichen Schallpegelminderungen informieren. Dazu zeigt B i l d 6 - 3 5 beispielhaft zunächst die Schallausbreitungswege. Auf dem Weg A wird die Luftschallausbreitung durch die Kapselwand behindert. Das Dimensionieren der Kapselwand erfolgt gemäß Abschnitt 6.4.1. Danach werden im Abschnitt 6.4.2 Probleme bei der Schallausbreitung auf dem Weg B dargestellt. Zum Vermeiden der Körperschallausbreitung und Abstrahlung (Weg C) sind die Richtlinien in den Abschnitten 6.1 bis 6.3 sinngemäß anzuwenden. Zu beachten ist dabei, daß eine Kapsel aber nur so gut sein kann, wie die kleinste Pegelabsenkung auf einem der drei Wege ist.

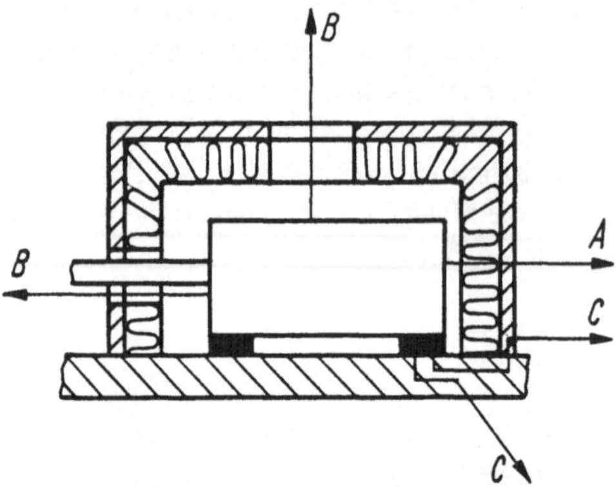

Bild 6-35. Möglichkeiten der Schallausbreitung bei Kapseln.

A Luftschallausbreitung durch Kapselwand; B Luftschallausbreitung über Undichtheiten und notwendige Öffnungen; C Körperschallübertragung und Abstrahlung durch sekundäre Bauteile.

Zum Abschätzen der Anforderungen an die Kapsel hat sich die Einteilung in drei Gruppen nach B i l d 6 - 3 6 bewährt [43]. Die Gruppe I stellt dabei die geringsten Anforderungen. Abdeckungen aus Material mit geringer Flächenmasse, oftmals auch ohne schallabsorbierendes Auskleiden genügen der geforderten Schallpegelminderung, die bis zu 10 dB erreichen kann. Der Öffnungsflächenanteil sollte klei-

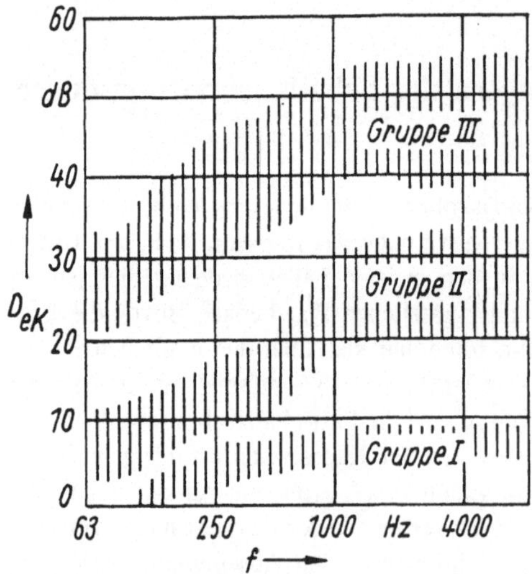

Bild 6-36. Einteilung von Kapseln in Abhängigkeit vom geforderten Einfügungsdämm-Maß D_{eK} [43].

ner als 5 % der Gesamtoberfläche sein. In Gruppe II sind Pegelminderungen ΔL = 10 bis 25 dB zu erwarten. Die Öffnungen dürfen nicht größer als 1 % der Gesamtfläche sein oder sie müssen als schallabsorbierende Kanäle ausgebildet werden. Eine gute Körperschallisolierung der Quelle und der Kapsel ist erforderlich. Kapseln nach Gruppe III sind aufgrund ihrer großen Masse und der notwendigen Baugröße in der Feinwerktechnik nicht anwendbar und im allgemeinen auch nicht erforderlich.

6.4.1 Vorgehensweise beim Dimensionieren der Kapsel

Die Vorgehensweise beim Entwurf einer Kapsel ist in Form von Arbeitsschritten in Anlehnung an [6, 43, 44] in Tabelle 6-8 dargestellt (erforderliche Werte s. Bilder 6-37 und 6-38).

Tabelle 6-8. Arbeitsschritte zur Kapseldimensionierung.

Arbeitsschritt	Kurzzeichen, Maßeinheit	Berechnung	Bemerkungen
1. Meßtechnische Ermittlung des Schallpegels der ungekapselten Quelle als Terz- oder Oktav-Spektrum	$L_{QTerz/Okt.}$ in dB	–	Es kann der Schalldruckpegel in definiertem Abstand oder der Schalleistungspegel verwendet werden; Messung in Oktav- bzw. Terz-Bändern
2. Bestimmung des höchstzulässigen Schallpegels der gekapselten Quelle als A-bewerteter Gesamtpegel	L_{zul} in dB (A)	–	Gleiche Art des Pegels wie bei lfd. Nr. 1.; i. allg. gegeben durch Forderungen des Pflichtenheftes oder in Standards bzw. Normen
3. Wahl eines Zuschlagsfaktors zur Berücksichtigung des Unterschiedes Band-/Gesamtpegel	ΔL_z in dB	–	Richtwerte: $\Delta L_z \approx 5$ dB für Oktav-Spektrum $\Delta L_z \approx 10$ dB für Terz-Spektrum
4. Berechnung des erforderlichen Einfügungsdämm-Maßes für Terz- oder Oktav-Bänder	D_{eK} in dB	$D_{eK} = [L_Q + \Delta L_z - L_{zul}(A)]$ dB	Ermittlung von L_Q siehe lfd. Nr. 1.; negative Werte bedeuten, daß Einfügungsdämmung nicht erforderlich ist

Tabelle 6-8. (Fortsetzung)

Arbeitsschritt	Kurzzeichen, Maßeinheit	Berechnung	Bemerkungen
5. Berechnung des Schalldämm-Maßes	R_{max} in dB	$R_{max} \approx (20 \lg f + 20 \lg d$ $+ 20 \lg \varrho - 45)$ dB mit f in Hz, d in mm, ϱ in g/cm^3	Dichte ϱ und Dicke d des Kapselwandmaterials sind so zu wählen, daß R_{max} stets größer als D_{eK} wird; Berechnung für Terz- bzw. Oktav-Bänder
6. Bestimmung einer realisierbaren Absorberdicke bzw. Auskleidungstiefe	d_A in cm	–	Festlegung anhand der geometrischen Bedingungen
7. Ermittlung des Schallabsorptionsgrades (mit ξ aus d_A und f)	α –	$\xi = \dfrac{d_A \cdot f}{5460}$ mit d_A in cm, f in Hz	Größe von α wird mit nebenstehend berechnetem Wert ξ aus Bild 6-37 abgelesen oder Herstellerangaben entnommen
8. Berechnung der erforderlichen längenspezifischen Strömungsresistanz des Absorbermaterials	Ξ in Rayl/cm bzw. in 10^3 N·s/m^4	$\Xi = \dfrac{80 \text{ bis } 240}{d_A}$ mit d_A in cm	Berechnung entfällt, wenn Herstellerangaben für α verfügbar
9. Berechnung des Einfügungsdämm-Maßes infolge Schalldurchgang durch Kapselwand	D_{eK} in dB	$D_{eK} = (R_{max} + 10 \lg \alpha)$ dB	ohne Absorber oder bei $\xi \to 0$ gilt $\alpha = 10^{-R_{max}/10}$, d. h. $D_{eK} = 0$ für jeden Wert R_{max}
10. Berechnung des Einfügungsdämm-Maßes infolge Schalldurchgang durch Öffnungen	$D_{e\ddot{O}}$ in dB	$D_{e\ddot{O}} = 10 \lg (1/q)$ dB für $\alpha \to 1$, sonst $D_{e\ddot{O}} = 10 \lg \left[1 + \alpha \dfrac{1-q}{q} \right]$ dB	$q = A_{\ddot{O}}/A_K$, mit Öffnungsflächenanteil $A_{\ddot{O}}$ und Gesamtoberfläche A_K der Kapsel
11. Berechnung des Gesamteinfügungsdämm-Maßes der Kapsel	$D_{eK\,ges}$ in dB	$D_{eK\,ges} = -10 \lg\left(10^{-D_{eK}/10} + 10^{-D_{e\ddot{O}}/10}\right)$ dB	Der kleinere Wert von D_{eK} bzw. $D_{e\ddot{O}}$ bestimmt $D_{eK\,ges}$

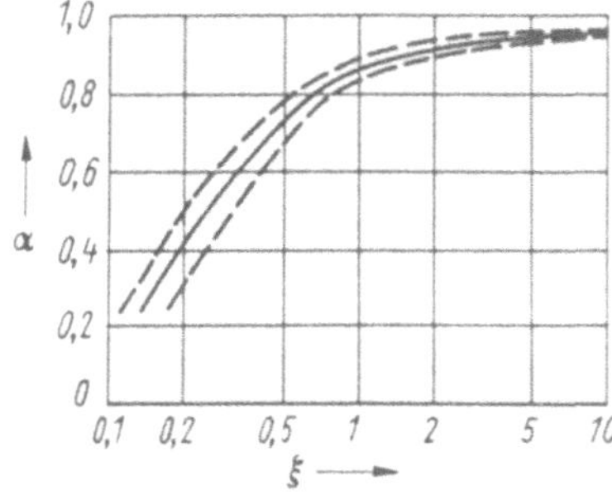

Bild 6-37. Mittlerer Absorptionsgrad α bei optimalem Strömungswiderstand für allseitigen Schalleinfall [6].

$\xi = f/f_d$ mit Bezugsfreuquenz $f_d = c/(2\pi \cdot d\sqrt{X})$;
d Schichtdicke; X Strukturfaktor des porösen Materials (Werte s. [6]).

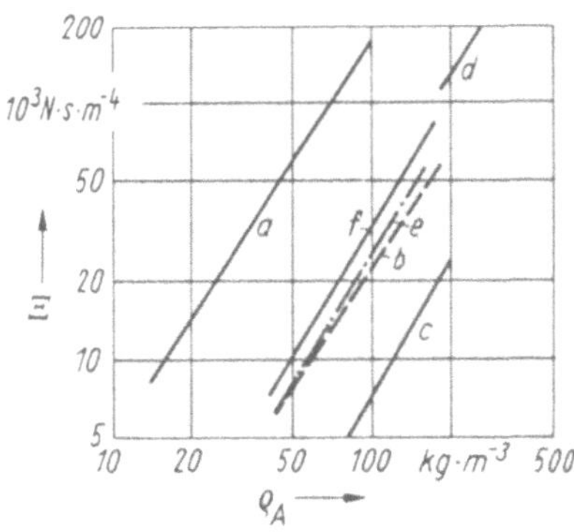

Bild 6-38. Mittlere Werte der längenspezifischen Strömungsrestistenz von Absorbermaterialien (1 Rayl/cm = 10^3 Ns/m^4) [6].

a Glaswolle, superfein; b Glaswolle, spinnbar; c Glaswolle, nicht spinnbar; d Maliwatt; e Basaltwolle; f Mineralwolle.

6.4.2 Konstruktive Gestaltung von Öffnungen

Durch Öffnungen in der Kapselwand verringert sich deren Wirkung erheblich. Als Richtwerte für das maximale Einfügungsdämm-Maß D_{eK} gelten

bis 10 % Öffnungsflächenanteil: $D_{eK} < 10$ dB,

bis 1 % Öffnungsflächenanteil: $D_{eK} < 20$ dB,

bis 0,1 % Öffnungsflächenanteil: $D_{eK} < 30$ dB.

Soll trotz größerem Öffnungsflächenanteil eine höhere Einfügungsdämmung erreicht werden, sind schallabsorbierende Kanäle zu verwenden. Dadurch vergrößern sich die Abmessungen der Kapseln erheblich, und ihr Einsatz ist in der Feinwerktechnik nur in Ausnahmefällen möglich. Das Gestalten und Dimensionieren von Absorptions- oder Reflexionsschalldämpfern kann [23] entnommen werden.

7 Systematisches Vorgehen bei der Lärmminderung

Sollen Aufgaben der Lärmminderung zielgerichtet bearbeitet werden, ist nicht nur die Kenntnis der Maßnahmen zum Senken des Schallpegels erforderlich, sondern diese Maßnahmen sind auch zum richtigen Zeitpunkt anzuwenden und zweckmäßig in den konstruktiven Entwicklungsprozeß einzuordnen. Deshalb werden im folgenden anhand der in Tabelle 1-2 dargestellten Arbeitsschritte im konstruktiven Entwicklungsprozeß (KEP) [13, 15, 16] das systematische Vorgehen bei der Verbindung von funktioneller und akustischer Dimensionierung erläutert sowie das zweckmäßige Anwenden von Regeln und Richtlinien diskutiert. Dabei wird nach der Art der Aufgabenstellung unterteilt, da eine Neuentwicklung sowohl eine andere Vorgehensweise erfordert als auch andere Möglichkeiten bietet als die Weiterentwicklung eines in seinen wichtigsten Parametern bereits festgelegten Produktes.

Im Abschnitt 8 wird diese Vorgehensweise dann bei der Überarbeitung eines Haushaltgerätes demonstriert.

7.1 Vorgehen bei der Weiterentwicklung von Produkten

Die Weiterentwicklung von Produkten (Anpassungskonstruktion) zielt in der Regel auf die Verbesserung funktioneller, technologischer und anderer Eigenschaften. Dabei müssen aus ökonomischen Gründen die Gesamtfunktion, das Verfahrensprinzip und vielfach auch die Funktionsstruktur weitgehend erhalten bleiben. Überarbeitet werden kann also in erster Linie nur der technische Entwurf [13, 15, 16]; dies führt letztlich zu einer geänderten Produktdokumentation. Dadurch sind die Möglichkeiten eingeschränkt, Regeln oder Richtlinien der Lärmminderung von vornherein zu berücksichtigen. Die erreichbare Pegelabsenkung liegt meist nur bei maximal 5 dB, in Ausnahmefällen bei 10 dB.

Ausgangspunkt für das Einbeziehen der Lärmminderung in die Überarbeitung sind die Ermittlung der Geräuschemission (Schalleistungspegel, gegebenenfalls Spektrum) des zu ändernden Gerätes (B i l d e r 7 - 1 und 7 - 2) und ihr Vergleich mit den Forderungen [5] an das Nachfolgegerät. Liegen diese Forderungen erheblich (10 dB und mehr) unter dem Istwert der Geräuschemission, dann lassen sie sich in der überwiegenden Anzahl der Fälle allein durch konstruktive Veränderungen nicht erfüllen, sondern erfordern eine Neuentwicklung mit geändertem Verfahrensprinzip und daraus abgeleiteter Funktionsstruktur. Meist beträgt jedoch der Unterschied zwischen Ist- und Sollwert des Schalleistungspegels 5 dB oder weniger und liegt damit im realisierbaren Bereich.

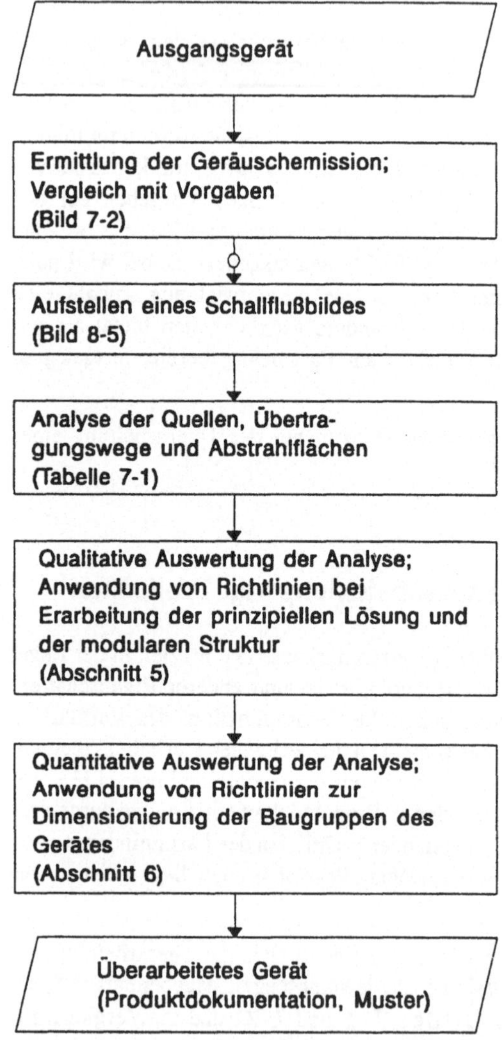

Bild 7-1. Algorithmus zur Lärmminderung bei der Weiterentwicklung von Produkten (Anpassungs-konstruktion), vgl. auch Tabelle 1-2 sowie VDI 2220 bis 2222 und [13].

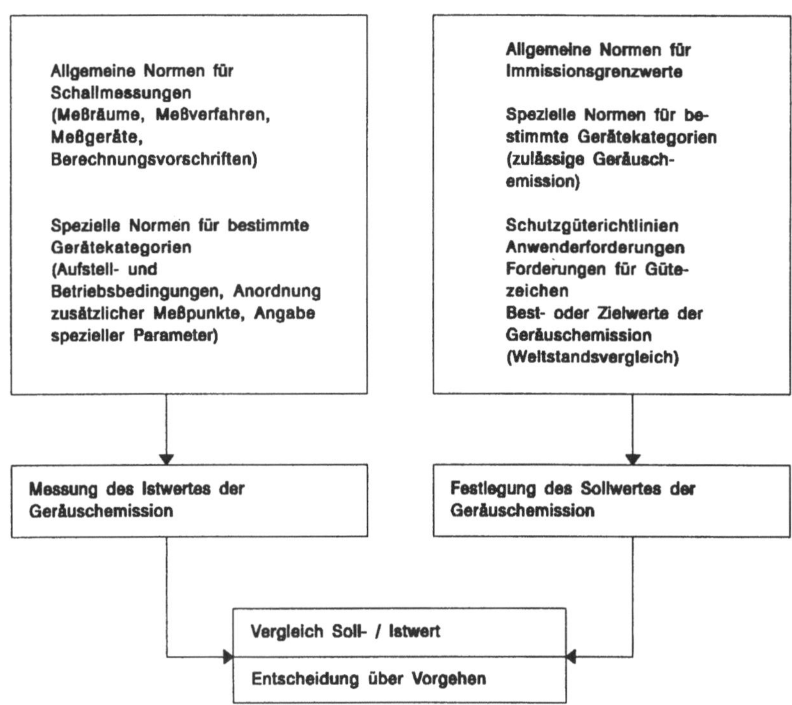

Bild 7-2. Messung und Sollwertfestlegung der Geräuschemission.

Anmerkung: Die Ermittlung des Schalleistungspegels zur Charakterisierung der Geräuschemission im Rahmen von Produktentwicklungen oder Typprüfungen darf nur durch bestätigte Institutionen vorgenommen werden.

Dann schließt sich als nächster Schritt eine exakte Analyse des Gerätes und seines Geräuschverhaltens an (Tabelle 7-1). Dabei kann ein vorher erarbeitetes Schallflußbild (s. Bild 8-5) als Hilfsmittel dienen. Zu diesem Zweck sollte eine schematisierte Skizze des Gerätes oder auch bestimmter Teile angefertigt werden, in der die allein aus der Kenntnis der Gerätefunktion und des Aufbaus abzuleitenden wichtigen Anregungsstellen, Betriebskraftflüsse, Körperschallwege und Abstrahlflächen gekennzeichnet sind. Dieses Schallflußbild läßt sich dann im Verlauf der Analyse weiter präzisieren und gegebenenfalls auch mit konkreten Zahlenwerten z.B. für Kräfte, Schnellen, Impedanzen und Schalldruckpegel versehen.

Die Analyse selbst wird mit den im Abschnitt 4 dargestellten Meßverfahren und Analysemethoden durchgeführt.

Tabelle 7-1. Verfahren und Ziele der Geräuschanalyse.

Analyseverfahren	Analyseziel
Messung von − Luftschallkenngrößen − Körperschallkenngrößen − Stoßkenngrößen Frequenzanalyse Selektiver Betrieb Analyse des Zeitverlaufes Gerätespezifische Verfahren	Gewinnung von Aussagen und Daten über − Zuordnung zwischen Geräusch und Ursache − Anregungsvorgänge − Ausbreitungswege − Struktureigenschaften − Schwachstellen im Geräteaufbau

Die zweckmäßige Auswahl und die Vorgehensweise richten sich nach dem jeweils zu untersuchenden Gerät, d. h. nach der Art der Anregungsvorgänge, nach dem Anteil des umgesetzten Körperschalls am Gesamtgeräusch, nach dem grundsätzlichen Geräteaufbau und weiteren Einflußfaktoren, die in den Abschnitten 3 und 4 angeführt sind. Ziel dieser Analyse ist es, sich einen umfassenden Überblick darüber zu verschaffen, wo die geräuschmäßigen Schwachstellen des Gerätes liegen. Das trifft in erster Linie auf die im Luftschallspektrum dominierenden Anteile zu. Für diese gilt es zu ermitteln, wo auf dem Weg von der Anregung bis zum Abstrahlen eine akustisch ungünstige Gestaltung oder Dimensionierung vorliegt. Das Auffinden solcher Schwachstellen ist deshalb besonders wichtig, weil ihre Beseitigung am wirkungsvollsten ist und den geringsten Aufwand erfordert. Wenn beispielsweise im Luftschallspektrum die Drehfrequenz eines Motors als dominierender Bestandteil nachgewiesen wurde (z. B. bei der Frequenzanalyse), dann kann dies auch daran liegen, daß durch den vom Motor verursachten Körperschall ein Bauteil in seiner Eigenfrequenz angeregt und damit zu einer "sekundären Geräuschquelle" wird. In diesem Fall wäre es wenig sinnvoll und zudem sehr aufwendig, Lärmminderungsmaßnahmen am Motor durchzuführen; vielmehr muß entweder für das Verschieben der Bauteilresonanz oder für ein Bedämpfen (Verringern der Resonanzüberhöhung) gesorgt werden, was mit relativ einfachen Mitteln zu erreichen ist.

Wie detailliert die Geräteanalyse durchgeführt werden muß, richtet sich vor allem nach der Differenz zwischen Istwert und Sollwert der Geräuschemission, nach dem Geräuschcharakter und nach der Komplexität der an der Geräuschentstehung beteiligten Baugruppen. Bei geringer Sollwert-Istwert-Differenz genügt häufig schon eine qualitative Analyse; schmalbandige Geräusche lassen meist die Entstehungskette schnell erkennen, und einfache Geräte mit einer kleinen Anzahl von Baugruppen können mit geringem Aufwand analysiert werden. Dies gilt analog auch für die aus den Analyseergebnissen abzuleitenden Maßnahmen. Qualitative

Aussagen ermöglichen auch nur qualitative Maßnahmen im Sinne der Regeln im Abschnitt 5, was bei geringer Sollwert-Istwert-Differenz ($\leq$ 3 dB) häufig ausreichend ist. Wurde in einem solchen Fall z. B. bei der Analyse eine fehlende Körperschallisolierung zwischen Erreger und Struktur als Schwachstelle erkannt, so läßt sich oft mit einer beliebigen, auf die funktionellen Anforderungen zugeschnittenen elastischen Ankopplung die notwendige Verbesserung erzielen, ohne dabei allerdings zum optimalen Ergebnis zu gelangen. Dieses kann nur durch zielgerichtetes Dimensionieren unter Anwendung der entsprechenden Richtlinien (s. Abschnitt 6.1) erreicht werden. Voraussetzung dafür sind quantitative Aussagen beispielsweise über die Impedanzverhältnisse an der betrachteten Stelle und bei der interessierenden Frequenz sowie über die zu übertragenden Kräfte und Momente. Das erfordert aber eine detaillierte Analyse.

Im Ergebnis der hier dargestellten, in unmittelbarem Zusammenhang mit der konstruktiven und technologischen Bearbeitung zu vollziehenden Schritte entstehen die Produktdokumentation und das Funktionsmuster. Zum Überprüfen der geräuschmäßigen Verbesserung dient eine Messung der Geräuschemission am Muster (s. Bild 7-1), wobei sich zwischen diesem und dem Seriengerät noch Änderungen im Geräuschverhalten ergeben können, unter anderem bedingt durch den Unterschied zwischen Musterbau- und Serientechnologie. In welche Richtung diese Änderungen tendieren, läßt sich schwer abschätzen; man sollte deshalb bestrebt sein, mit dem Mustergerät den geforderten Sollwert um etwa 3 dB zu unterschreiten.

7.2 Vorgehen bei Neuentwicklungen

Die Aufgabenstellung für eine Neuentwicklung findet ihren Niederschlag in der Anforderungsliste (Pflichtenheft, s. Tabelle 1-2), die auch als Ausgangspunkt für die Berücksichtigung der Lärmminderung zu dienen hat. Das heißt, sie muß einen Vorgabewert für die Geräuschemission enthalten [5], für dessen Festlegung prinzipiell das gleiche gilt wie im Bild 7-2 dargestellt. Dabei ist zu beachten, daß dieser Wert mit den in der Anforderungsliste festgelegten Vorgaben hinsichtlich der Gesamtfunktion sowie des Verfahrensprinzips (zumindest für die wichtigsten funktionellen Teile) in Einklang stehen muß. So kann z.B. bei der Entwicklung einer Schreibmaschine sowohl der Einsatz eines Mikroprozessorsystems als informationsverarbeitende Baugruppe als auch das Druckverfahren "Typenrad mit Druckmagnet" vorgeschrieben sein, während für die Realisierung der Zusatz- und Hilfsfunktionen (Farbbandantrieb, Papiervorschub, Druckwagenbewegung) keine solche konkreten Vorgaben getroffen werden. In diesem Fall wäre es also nicht vertretbar, abgeleitet z. B. aus der Existenz von ähnlichen Produkten mit Thermodrucker, einen Zielwert für den Schalleistungspegel mit 50 dB zu fordern, der sich mit dem oben erwähnten Druckprinzip nicht verwirklichen läßt. Dem wird in zunehmendem Maße durch die Erarbeitung von Emissionskennwerten verschiedener Gerätekategorien Rechnung getragen (Tabelle 7-2).

Tabelle 7-2. VDI-Richtlinien für Emissionskennwerte technischer Schallquellen in der Feinwerktechnik und für die Beurteilung von Lärm (Auswahl).

VDI-Richtlinie	*Emissionskennwerte für*
2159	Getriebegeräusche
3729, Bl. 1 bis 6	Geräte der Büro- und Informationstechnik (Schreibmaschinen, Vervielfältigungsmaschinen und Bürokopiergeräte, Postbearbeitungsmaschinen, Arbeitsplatzcomputer)
3736	Umlaufende elektrische Maschinen (Asynchronmaschinen)
3737, Bl. 1 bis 8	Elektrische Geräte für den Hausgebrauch (Küchenmaschinen, Rührer und Kneter, Mixer, Geschirrspülmaschinen, Staubsauger, Waschmaschinen, Wäschetrockner, Kühl- und Gefriergeräte, Dunstabzugshauben)
3739	Transformatoren
3740, Bl. 3	Tisch-Kreissägemaschinen
3743, Bl. 1 und 2	Pumpen (Kreiselpumpen, Verdrängerpumpen)
3748	Handkettensägemaschinen
3749, Bl. 1 bis 6	Druckluftwerkzeuge und -maschinen
3761	Handgeführte Elektrowerkzeuge für die Holzbearbeitung
	Beurteilung von Lärm
2058, Bl. 1	in der Nachbarschaft (Arbeitslärm)
Bl. 2	hinsichtlich Gehörgefährdung
Bl. 3	am Arbeitsplatz unter Berücksichtigung unterschiedlicher Tätigkeiten [Beurteilungspegel, zu ermitteln nach DIN 45645 T 2: geistige Tätigkeit 55 dB (A); Bürotätigkeit 70 dB (A); alle sonstigen Tätigkeiten 85 (bis maximal 90) dB (A)]

Um den Zielwert der Geräuschemission zu erreichen, muß bei Neuentwicklungen von vornherein auf eine akustisch optimale Gestaltung aller geräuschbestimmenden Parameter orientiert werden [7], wobei man sich zunächst auf die aus den Erfahrungen mit vergleichbaren Geräten oder Baugruppen abzuleitenden Schwerpunkte der Geräuschentstehung konzentrieren sollte (Bild 7-3). Beispielsweise wird bei der erwähnten Schreibmaschine der Abdruckvorgang die dominierende Geräuschquelle darstellen und demzufolge eine sorgfältigere Optimierung erfordern als der Papiervorschub. Für in der Anforderungsliste (Pflichtenheft) zunächst nicht festgelegte Verfahrensprinzipien (z. B. für Hilfs- und Zusatzfunktionen) muß grundsätz-

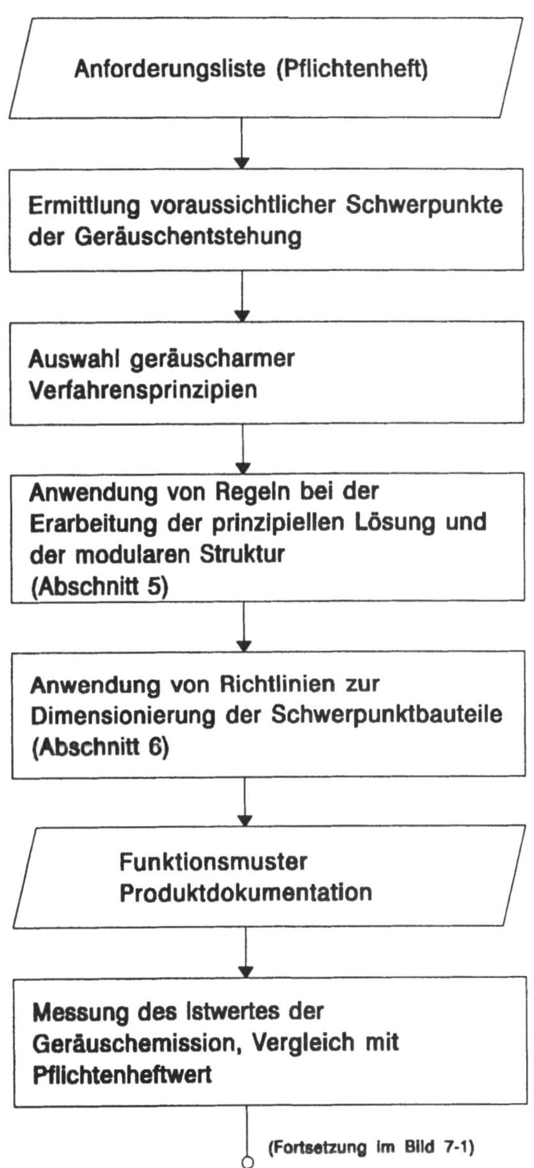

Bild 7-3. Algorithmus zur Lärmminderung bei Neuentwicklungen, vgl. auch Tabelle 1-2 sowie VDI 2220 bis 2222 und [13].

lich der Einsatz geräuscharmer Prinzipien unter Beachtung der Regeln aus Abschnitt 5 beim Erarbeiten des jeweiligen technischen Prinzips einbezogen werden, und die Dimensionierung der geräuschmäßig dominierenden Baugruppen ist nach den im Abschnitt 6 dargestellten Richtlinien vorzunehmen. Dabei wird es oft zweckmäßig sein, solche Baugruppen (z.B. Motoraufhängung) zunächst gesondert aufzubauen und ergänzend zur Dimensionierung experimentell zu untersuchen.

An dem als Ergebnis der konstruktiven Entwicklung entstehenden Funktionsmuster wird dann der Istwert der Geräuschemission bestimmt. Liegt dieser Wert (unter Berücksichtigung des Unterschiedes zwischen Musterbau und Serientechnologie und dessen Einfluß auf das Geräuschverhalten) unter dem Sollwert, ist die Aufgabe erfüllt, wobei die entsprechenden Messungen in den weiteren Entwicklungsstufen an den Produkten der Serien- und Massenfertigung zu wiederholen sind. Erfüllt bereits das Funktionsmuster die Anforderungen nicht, so ist anschließend wie bei einer Weiterentwicklung zu verfahren (weiter bei ↓ im Bild 7-1).

8 Beispiel "Lärmminderung an einem Haushaltgerät"

Ein bereits produziertes Haushaltgerät (Allesschneider) ist den gestiegenen Forderungen hinsichtlich eines lärmarmen Betriebes anzupassen. An dem Gerät wurde ein Schalleistungspegel L_{WA} von 76 dB ermittelt (aus Messung des Schalldruckpegels im reflexionsarmen Raum über reflektierender Grundfläche, s. Abschnitt 4). Bild 8 - 1 zeigt das dazugehörige Terzspektrum, gemessen in 0,5 m Abstand von der Vorderseite des Gerätes. Ziel der Überarbeitung ist eine maximale Pegelminderung unter Beibehaltung des Verfahrensprinzips und der Funktionsstruktur. Angestrebt wird ein Wert von $\Delta L_W \approx 10$ dB, der gleichzeitig die Grenze für eine Überarbeitung darstellt. Im folgenden sind die einzelnen Schritte dafür aufgezeigt.

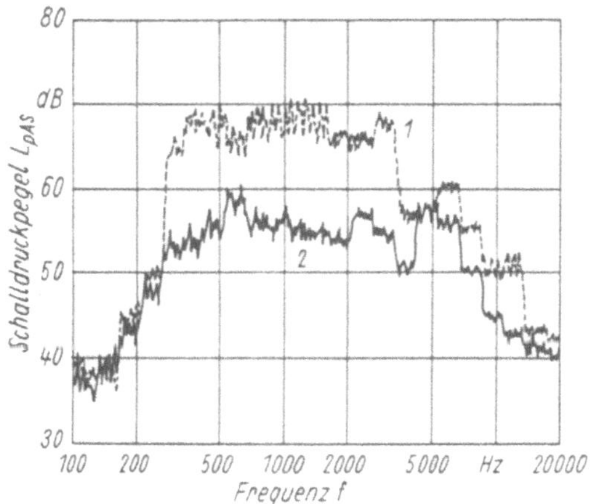

Bild 8-1. Terzspektrum des AS-bewerteten Schalldruckpegels für das Ausgangsgerät 1 und das veränderte Gerät 2, gemessen 0,5 m vor dem Messer des Allesschneiders.

8.1 Geräuschanalyse

Zur detaillierten Untersuchung erfolgt eine Schmalbandanalyse ($\Delta f/f = 3$ %) des Luftschalls (Bild 8 - 2). Aus dem Kurvenverlauf ist ein maximaler Pegel bei f = 350 Hz zu erkennen. Diese Frequenz entspricht der Drehfrequenz des Universalmotors ($n = 2100$ U·min^{-1}). Das Überprüfen des Schnellepegels mittels Beschleunigungsmessung und Schmalbandanalyse (s. Abschnitt 4.2) in der Nähe des Motors bestätigt diese Aussage (Bild 8 - 3). Außerdem ist im Luftschallspektrum eine Pegelspitze bei 5600 Hz nachweisbar, die sich auf den Bürsteneingriff am Kommutator zurückführen läßt (350 × 16 = 5600; 16 = Lamellenanzahl). Damit kann der Antriebsmotor als die dominierende Geräuschquelle identifiziert werden.

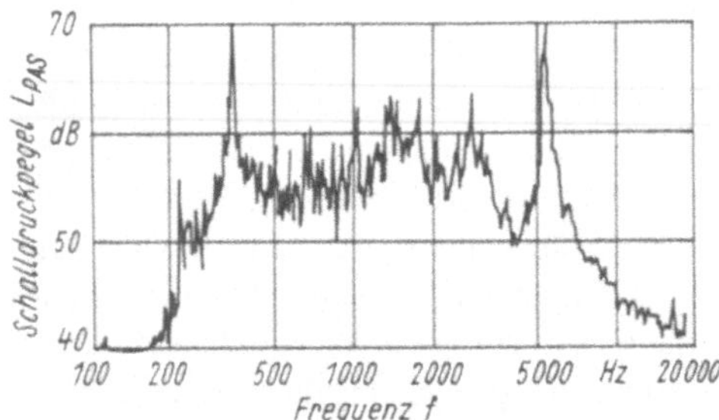

Bild 8-2. Schmalbandspektrum ($\Delta f/f$ = 3 %) des AS-bewerteten Schalldruckpegels für das Ausgangsgerät, gemessen 0,25 m vor dem Messer des Allesschneiders.

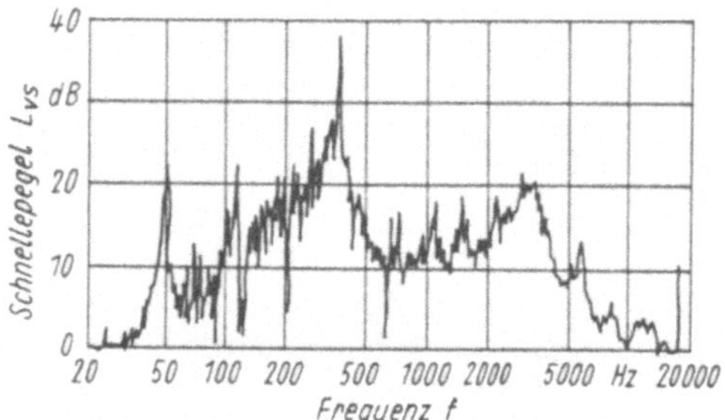

Bild 8-3. Schmalbandspektrum des Schnellepegels L_{vs} am unteren Ankerlager für das Ausgangsgerät.

0 dB entspricht $3 \cdot 10^{-5}$ m/s.

8.2 Geräteanalyse

Der analysierte Allesschneider besteht im wesentlichen aus einer L-förmigen Grundplatte, an deren senkrechtem Schenkel die Motor-Getriebe-Einheit und das Schneidmesser mit Lagerung angebracht sind. Die Antriebs- und Übertragungselemente werden durch eine Gehäuseschale abgedeckt, die einen Durchlaßschlitz für das Schneidgut sowie Lüftungsschlitze zur Kühlung des Motors enthält (B i l d 8 - 4). Die Motor-Getriebe-Einheit (MGE) umfaßt den bereits erwähnten Universalmotor mit anschließendem einstufigen Schneckengetriebe sowie einem Abtriebszahnrad auf einer gemeinsamen Platte. Diese ist an drei Punkten über Gummiformteile mit der Grundplatte verbunden. Unter Berücksichtigung der neben der Unwucht des Motors in Frage kommenden Anregungsvorgänge (Zahneingriff, Lagerstellen) ergibt sich das im B i l d 8 - 5 dargestellte Schallflußbild. Als dominierender Körperschallweg ist der von der MGE über die Gummiformteile zur Grundplatte und weiter zum Gehäuse führende Weg zu betrachten, der deshalb einer detaillierten Untersuchung bedarf.

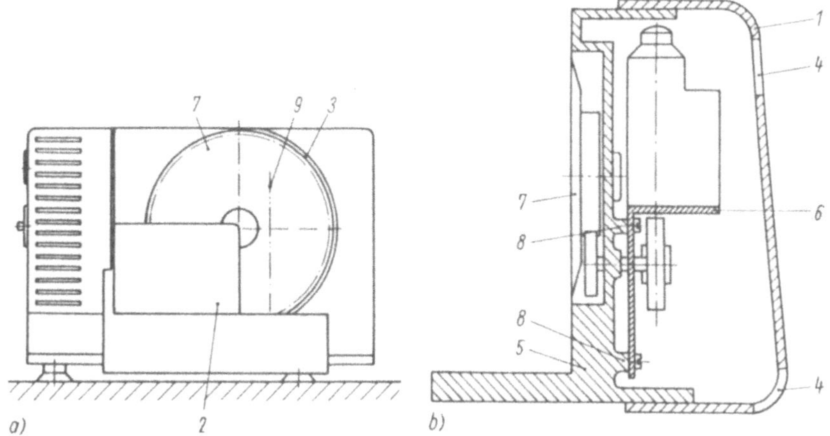

Bild 8-4. Allesschneider.

a) Ansicht der Gehäuseseite; b) prinzipieller Aufbau.

1 Gehäuse; 2 Gehäusezunge; 3 Durchlaßschlitz für Schneidgut; 4 Lüftungsschlitze; 5 Grundplatte; 6 Platine der Motor-Getriebe-Einheit MGE; 7 Schneidmesser; 8 Befestigungsdom; 9 Trennfuge zur Verringerung der Luftschallabstrahlung.

8.3 Ermittlung der Schwachstellen

Der Nachweis der Drehfrequenz des Motors als dominierender Geräuschanteil legt gleichzeitig die Vermutung nahe, daß die Wirkung der Gummiformteile als Körperschallisolierung nur gering ist. Um dies zu überprüfen, wird die Differenz des Beschleunigungspegels an den drei Befestigungspunkten berechnet und gemessen (T a b e l l e 8 - 1). Sie entspricht in diesem Fall der Einfügungsdämmung D_e, da Schnelleanregung vorliegt.

Als Berechnungsgrundlage dient die mit Hilfe eines Impedanzmeßkopfes [20, 36] ermittelte Impedanz der Struktur an den Ankopplungspunkten sowie die Impedanz der Gummielemente. Die Messungen zeigen, daß die Gummielemente keine nen-

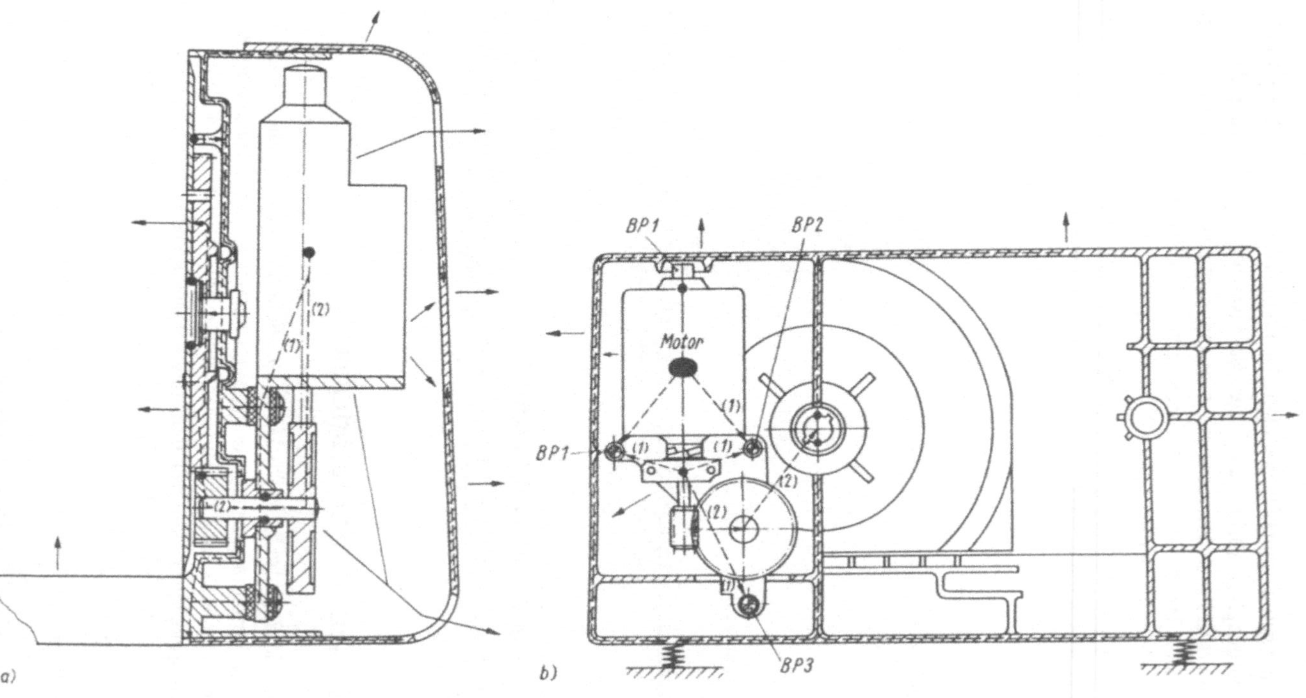

Bild 8-5. Vereinfachtes Schallflußbild des Allesschneiders.
a) Schnittbild neben MGE (Prinzipsskizze); b) Gehäuseseite.
● Geräuschquelle: - - ► Körperschallweg über Ankoppelelemente 1 bzw. rotierende Bauelemente 2;
——► Luftschallabstrahlung; BP Befestigungspunkt.

nenswerte Körperschalldämmung bewirken. Außerdem ist festzustellen, daß die dynamische Steifigkeit der Gummielemente stark von der statischen Vorlast abhängt. Das bedeutet, daß die Impedanz z_{el} dieser Elemente nachteilig durch deren Zusammendrücken Δx beeinflußt wird, die sich bei der Montage willkürlich ergibt und meist viel zu hoch ist (B i l d 8 - 6 , vgl. auch Abschnitt 6.1). Die ungünstigsten Impedanzverhältnisse liegen am Befestigungspunkt 2 vor, an dem die Strukturimpedanz um eine Zehnerpotenz geringer ist als an den anderen Befestigungspunkten.

Tabelle 8-1. Differenz des Beschleunigungspegels ΔL_a an den Befestigungspunkten
BP 1 bis 3 bei $f = 350$ Hz.

BP	ΔL_a in dB berechnet	ΔL_a in dB gemessen
1	$-4,5$ bis $+1,7$	$-7,4$
2	$-0,8$ bis $-0,3$	$-0,2$
3	$-3,0$ bis $+11,2$	$-6,0$

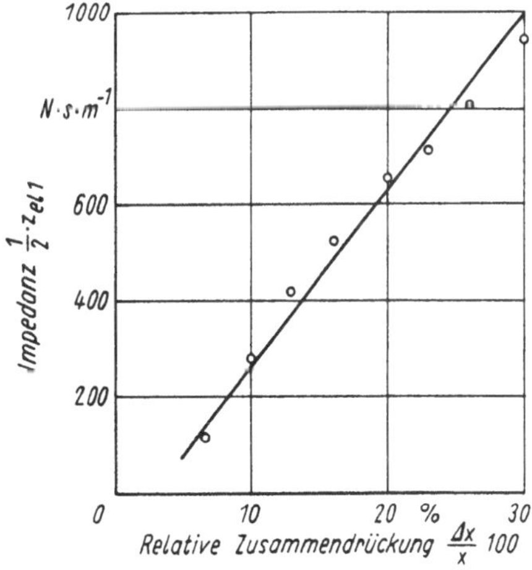

Bild 8-6. Abhängigkeit der Impedanz der Gummielemente von der statischen Vorlast bei $f = 350$ Hz.

Für die Luftschallabstrahlung erweist sich die obere Lüftungsöffnung als besonders ungünstig. Eine Nahpegelmessung am Gehäuse ergibt, daß das Abstrahlen insbesondere der Bürstenfrequenz des unmittelbar unter der Lüfteröffnung liegenden Kommutators zu einem um 5 dB über dem Pegel anderer Gehäusezonen liegenden Nahpegel im Bereich der Öffnung führt. Als weitere Schwachstelle kann das Anregen des Gehäuses in der Umgebung der Zunge des Durchlasses für das Schneidgut ermittelt werden. Der an der Verbindungsstelle von Grundplatte mit Gehäusezunge vorhandene Ankopplungspunkt (Befestigungsschraube) weist einen um etwa 5 dB höheren Körperschallpegel als die Umgebung auf.

8.4 Anwendung der Regeln und Richtlinien zur Lärmminderung

Als Schwerpunkt bei der Auswahl lärmmindernder Maßnahmen ist die Körperschallisolierung zu sehen mit den zwei Problemen

- Verändern der Gummielemente (Verringern der Impedanz z_{el} durch Verkleinern der Federsteife) und

- Vermeiden des Befestigungspunktes 2 wegen der dort vorhandenen geringeren Strukturimpedanz.

Die Gummielemente werden nach Abschnitt 6.1 dimensioniert. Es ist davon auszugehen, daß bei der Drehfrequenz eine Pegelminderung von 10 dB erreicht werden soll. Für die Impedanz des Erregers (kompakte Motor-Getriebe-Einheit) kann man ohne Nachprüfen annehmen, daß sie wesentlich größer als die Strukturimpedanz ist. Demnach läßt sich die erforderliche Änderung der Federsteife von c_1 auf c_2 nach Tabelle 6-1 aus folgender Beziehung ermitteln:

$$\Delta L_{vs} \approx 20 \lg \frac{\left| 1 + \dfrac{j \cdot \omega \cdot z_s}{c_1} \right|}{\left| 1 + \dfrac{j \cdot \omega \cdot z_s}{c_2} \right|} \, \text{dB}$$

$$= 20 \lg \frac{\left| 1 + z_s / z_{el1} \right|}{\left| 1 + z_s / z_{el2} \right|} \, \text{dB}. \tag{8.1}$$

Wird für die Berechnung der Befestigungspunkt 3 mit einer Strukturimpedanz von $z_s = 260 \, \text{N·s/m}$ bei 5 %igem Zusammendrücken zugrunde gelegt, ergibt sich für eine erforderliche Pegelminderung von 10 dB eine auf ein Viertel des bisherigen

Wertes reduzierte Federsteife. Das bedeutet, daß bei gleichem Werkstoff und gleichem Querschnitt wegen $c = A \cdot E/d$ die neuen Gummielemente die vierfache Dicke d der alten haben müssen.

Ähnliche Ergebnisse lassen sich durch überschlägliche Berechnung von Struktur- und Gummielementimpedanz erlangen (s. Abschnitt 6.1).

Die geometrische Veränderung der Gummielemente wird durch gekürzte Befestigungsdome erreicht und erbringt die in T a b e l l e 8 - 2 angeführten Ergebnisse der Körperschalldämmung an den drei Befestigungspunkten, wobei im Punkt 2 die Befestigungselemente wegfallen und statt dessen die Fixierung der Lage durch eine (sehr weich gestaltete) Befestigung am oberen Motorlager unterstützt wird (Befestigungspunkt 4, B i l d 8 - 7). Damit liegt außerdem der dynamische Kraftangriff

Tabelle 8-2. Differenz des Beschleunigungspegels ΔL_a an den Befestigungspunkten BP 1 bis 4 nach Veränderung der Gummielemente (BP 2 ohne Befestigungselement gemessen).

BP	1	2	3	4
ΔL_a in dB, bei f = 350 Hz	$-11,8$	$(-4,1)$	$-14,9$	—
ΔL_a in dB, gesamt	$-16,8$	$(-9,9)$	$-7,9$	$-17,2$

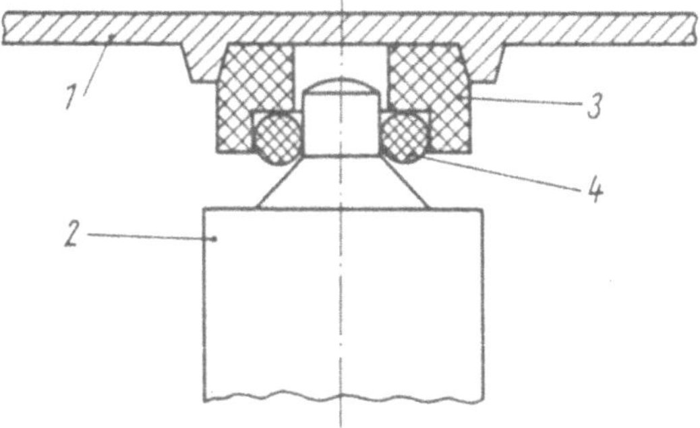

Bild 8-7. Gestaltung des Befestigungspunktes BP 4.

1 Grundplatte; 2 Motor; 3 Gummiformteil; 4 Moosgummieinlage.

innerhalb der von den Punkten 1, 2 und 4 aufgespannten Fläche (vgl. Abschnitt 6.1). Ansatzschrauben sorgen noch für eine definierte statische Vorlast der Gummielemente (B i l d 8 - 8). Mit diesen Maßnahmen kann der Luftschallpegel um etwa 7 dB gesenkt werden. Das Anordnen einer Blende vor den Lüftungsschlitzen (Bild 8-9) sowie das Trennen des Gehäuses im Bereich der Zunge zum Verkleinern der abstrahlenden Fläche (s. Bild 8-4) erbringen eine weitere Pegelminderung, so daß im Mittel der Gesamtwert von 10 dB erreicht und damit die Vorgabe erfüllt werden kann.

Die abschließende Meßkurve ist im Bild 8-1 mit eingezeichnet. Zusätzliche detaillierte Untersuchungen am Allesschneider zum Ermitteln des Einflusses weiterer geräuschrelevanter Parameter ergeben unter anderem folgende Zusammenhänge:

● Wesentlichen Anteil am Pegel bei der Drehfrequenz und damit am Gesamtgeräusch hat die Unwucht des Motorankers. Entsprechende Messungen ergeben eine Streuung des Luftschallpegels bis zu 10 dB in Abhängigkeit von der Unwucht. Daraus leitet sich die Forderung nach sorgfältiger Fertigung und Prüfung dieses qualitätsbestimmenden Parameters ab.

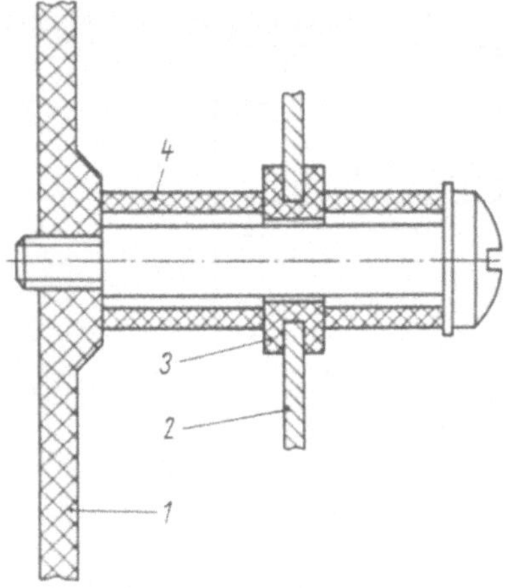

Bild 8-8. Veränderte Ausführung der Befestigungspunkte.

1 Kunststoffgehäuse; 2 Platine; 3 ursprüngliches Gummielement; 4 zusätzliche Gummielemente zum Verringern der Gesamtfedersteife.

● Das Einhalten der Schneckengeometrie hat größeren Einfluß auf die Körperschallerzeugung und -übertragung. Der Einsatz von gefrästen an Stelle kaltgewalzter Schnecken kann eine Verringerung des Gesamtgeräusches bis zu 8 dB ergeben. An dieser Stelle muß aber auf den ökonomischen Aspekt hingewiesen werden, da gefräste Schnecken sehr viel mehr Fertigungsaufwand erfordern als gewalzte. Gleichzeitig läßt sich nachweisen, daß die Empfindlichkeit der Betriebsparameter

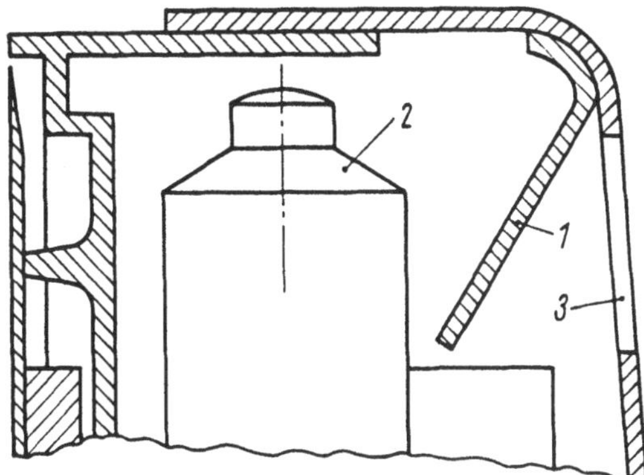

Bild 8-9. Eingeklebte Blende 1 zum Verringern der unmittelbaren Luftschallabstrahlung aus dem Kommutatorbereich 2 durch die Lüftungsschlitze 3.

von Schneckengetrieben gegenüber Achsabstandstoleranzen [16] auch auf das Geräuschverhalten zutrifft und deshalb ein enges Tolerieren dieser Größe notwendig ist.

● Unzulänglichkeiten der Schneckengeometrie lassen sich bis zu einem bestimmten Grad durch entsprechendes Gestalten des Schneckenrades ausgleichen. Ein zu diesem Zweck entwickeltes elastisch gestaltetes Schneckenrad (B i l d 8 - 1 0) [16, 19] führt insbesondere bei Geräten mit großen Abweichungen in der Schneckengeometrie zu einer Pegelminderung bis zu 6 dB.

Bild 8-10. Elastisches Schneckenrad (nach Heinrich, s. auch [16, 19]).

● Der Kraftfluß im Allesschneider entspricht nicht der Regel 1 in Tabelle 5-3, da das Schneidmesser in der Grundplatte gelagert ist und somit die Betriebskraft über großflächige Bauelemente geleitet wird. Eine diesbezügliche Umgestaltung (Lagerung des Messers in der Platine der MGE und damit kurzer Kraftfluß) ergibt eine Pegelminderung von etwa 7 dB.

● Das Gehäuse als dominierende Abstrahlfläche muß gegenüber der Grundplatte möglichst gut körperschallisoliert werden. Das kann z. B. durch Einlegen eines Moosgummistreifens zwischen Gehäuse und Grundplatte in der Überlappungszone realisiert werden und ergibt eine Pegelminderung von 3 dB. Dieser relativ geringe Wert resultiert aus der zusätzlichen Körperschallanregung über die Befestigungsschrauben des Gehäuses.

Tabelle 8-3 enthält eine Zusammenstellung ausgewählter DIN-Normen zur Schallmeßtechnik und Lärmminderung.

Tabelle 8-3. Ausgewählte DIN-Normen zur Schallmeßtechnik und Lärmminderung.

DIN IEC 651	Schallpegelmesser
DIN IEC 804	Integrierende mittelwertbildende Schallpegelmesser
DIN IEC 942	Schallkalibratoren
DIN EN 23741	Akustik; Ermittlung der Schalleistungspegel von Geräuschquellen; Hallraumverfahren der Genauigkeitsklasse 1 für breitbandige Quellen
DIN EN 23742	−; −; Hallraumverfahren der Genauigkeitsklasse 1 für tonale und schmalbandige Quellen
DIN EN 21680 T 1	−; Verfahren zur Messung der Luftschallemission von umlaufenden elektrischen Maschinen; Teil 1: Verfahren der Genauigkeitsklasse 2 für Freifeldbedingungen über einer reflektierenden Ebene
T 2	−; −; Teil 2: Verfahren der Genauigkeitsklasse 3
DIN EN 27779	−; Geräuschmessung an Maschinen; Luftschallemission, Hüllflächen- und Hallraum-Verfahren; Geräte der Büro- und Informationstechnik
DIN 1318	Lautstärkepegel; Begriffe, Meßverfahren
DIN 1320	Akustik; Grundbegriffe
DIN 1332	Akustik; Formelzeichen
DIN 45401	Akustik, Elektroakustik; Normfrequenzen für Messungen
DIN 45620	Audiometer; Begriffe, Anforderungen, Prüfung
DIN 45630 T 1	Grundlagen der Schallmessung; physikalische und subjektive Größen von Schall
T 2	−; Normalkurven gleicher Lautstärkepegel
DIN 45635 T 1	Geräuschmessung an Maschinen; Luftschallemission, Hüllflächen-Verfahren; Rahmen-Verfahren für 3 Genauigkeitsklassen
T 3	−; −, Sonder-Hallraum-Verfahren; Rahmen-Meßverfahren (Genauigkeitsklasse 2)
T 8	−; −, Körperschallmessung; Rahmen-Verfahren
T 9	−; −, Kanal-Verfahren; Rahmen-Verfahren für Genauigkeitsklasse 2
T 12	−; Luftschallmessung, Hüllflächen-Verfahren, Elektrische Schaltgeräte

Tabelle 8-3. (Fortsetzung)

	T 17	−; Luftschallemission, Hüllflächen-Verfahren, Handkettensägemaschinen
	T 20	−; −, Hüllflächen-Verfahren; Druckluft-Werkzeuge und -Maschinen
	T 21	−; Luftschallemission, Hüllflächen-Verfahren, Elektro-Werkzeuge
	T 23	−; −, Hüllflächen-Verfahren, Getriebe
	T 1000	−; Luftschallemission, Hüllflächen- und Sonderhallraum-Verfahren; Elektrische Geräte für den Hausgebrauch und ähnliche Zwecke; allgemeine Anforderungen
	T 1001	−; −, Hüllflächen- und Sonderhallraum-Verfahren; Elektrische Geräte für den Hausgebrauch und ähnliche Zwecke; Sonderanforderungen für Staubsauger
	T 1007	−; −, Hüllflächen- und Sonderhallraum-Verfahren; Elektrische Geräte für den Hausgebrauch und ähnliche Zwecke; Sonderanforderungen an Kühlgeräte, Tiefkühlgeräte und Gefriergeräte
DIN 45641		Mittelung von Schallpegeln
DIN 45645 T 1		Einheitliche Ermittlung des Beurteilungspegels für Geräuschimmissionen
	T 2	−; Geräuschimmission am Arbeitsplatz
DIN 45651		Oktavfilter für elektroakustische Messungen
DIN 45652		Terzfilter für elektroakustische Messungen
DIN 45661		Schwingungsmeßgeräte; Begriffe, Kenngrößen, Störgrößen
DIN 45662		Eigenschaften von Schwingungsmeßgeräten; Angaben in Typenblättern
DIN 45664		Ankopplung von Schwingungsmeßgeräten und Überprüfung auf Störeinflüsse
DIN 45666		Schwingstärkemeßgerät; Anforderungen
DIN 45667		Klassierverfahren für das Erfassen regelloser Schwingungen
DIN 45669		Messung von Schwingungsimmissionen
DIN 45670		Wellenschwingungs-Meßeinrichtung; Anforderungen an eine Meßeinrichtung zur Überwachung der relativen Wellenschwingung
DIN 45671		Messung mechanischer Schwingungen am Arbeitsplatz
DIN 45675		Einwirkung mechanischer Schwingungen auf das Hand-Arm-System
DIN 45676		Mechanische Eingangsimpedanz und Übertragungsfunktion des menschlichen Körpers
IEC 225		Oktaven-, Halb- oder Dritteloktaven-Bandfilter für Analyse von Schall und Schwingungen

Schrifttum

[1] Gesetz zum Schutz vor schädlichen Umwelteinwirkungen durch Luftver-unreinigungen, Geräusche, Erschütterungen und ähnliche Vorgänge (Bundes-Immissionsschutzgesetz - BImSchG) in der Fassung der Bekanntmachung vom 14. Mai 1990 (BGBl. I, S. 880; BGBl. III, S. 2129 - 8).

[2] Allgemeine Verwaltungsvorschrift über genehmigungspflichtige Anlagen nach § 16 der Gewerbeordnung - GewO. Technische Anleitung zum Schutz gegen Lärm (TA Lärm) vom 16. Juli 1968 (Immissionsschutzwerte).

[3] VDI-Richtlinie 2058, Bl. 1: Beurteilung von Arbeitslärm in der Nachbarschaft; Bl. 2: Beurteilung von Lärm hinsichtlich Gehörgefährdung; Bl. 3: Beurteilung von Lärm am Arbeitsplatz unter Berücksichtigung unterschiedlicher Tätigkeiten. Berlin: Beuth-Verlag.

[4] *Krause, W.*: Umweltschutz - Geräteschutz. Feingerätetechnik 31 (1982), Nr. 10, S. 434.

[5] *Parthey, W.; Rau, G.*: Die Ermittlung von Bestwerten der Geräuschemission. Schriftenreihe Arbeitsschutz, Zentralinstitut für Arbeitsschutz (ZIAS), Dresden, Heft 43. Berlin: Verlag Tribüne, 1977.

[6] *Schirmer, W.*, u. a.: Lärmbekämpfung. Berlin: Verlag Tribüne, 1989.

[7] *Schirmer, W.; Költzsch, P.*: Lärmarme Technik vom Reißbrett. Schriftenreihe Arbeitsschutz, Zentralinstitut für Arbeitsschutz (ZIAS), Dresden, Heft 49. Berlin: Verlag Tribüne, 1980.

[8] Autorenkollektiv (Leitung: *Schirmer, W.*): Systematik der Geräuschentstehung und Geräuschminderung bei Maschinen. Bericht Nr. 776. Zentralinstitut für Arbeitsschutz (ZIAS), Dresden, 1977.

[9] VDI-Handbuch Lärmminderung (108 VDI-Richtlinien). Hrsg.: VDI-Kommission Lämminderung. Berlin: Beuth-Verlag.

[10] *Gahlau, H.*, u. a.: Geräuschminderung durch Werkstoffe und Systeme. Sindelfingen: expert-verlag, 1986.

[11] *Cremer, L.; Heckl, M.*: Körperschall. 2. Aufl. Berlin: Springer-Verlag, 1982.

[12] *Kurtze, G.; Schmidt, H.; Westphal, W.*: Physik und Technik der Lärmbe-kämpfung. Karlsruhe: Verlag G. Braun, 1975.

[13] *Krause, W.*: Gerätekonstruktion. 2. Aufl. Berlin: Verlag Technik, 1986; Moskau: Mashinostroenie, 1987; Heidelberg: Dr. Alfred Hüthig Verlag, 1987.

[14] *Krause, W.*: Lärmminderung in der Feinwerktechnik. Vorlesungsmanuskripte und Umdrucksammlung der TU Dresden, 1991.

[15] *Krause, W.*: Grundlagen der Konstruktion - Lehrbuch für Elektroingenieure. 6. Aufl. Berlin: Verlag Technik, 1990; 7. Aufl. München, Wien: Carl Hanser Verlag, 1994.

[16] *Krause, W.*: Konstruktionselemente der Feinmechanik. 2. Aufl. München, Wien: Carl Hanser Verlag, 1992.

[17] *Krause, W.; Metzner, D.*: Zahnriemengetriebe. Berlin: Verlag Technik, 1987; Heidelberg: Dr. Alfred Hüthig Verlag, 1988.

[18] *Hildebrand, S.; Krause, W.*: Fertigungsgerechtes Gestalten in der Feingerätetechnik. 2. Aufl. Berlin: Verlag Technik, 1982; Braunschweig: Verlag Friedrich Vieweg & Sohn, 1978.

[19] *Krause, W.*: Plastzahnräder. Berlin: Verlag Technik, 1985.

[20] *Wandel, R.*: Minderung stoßerzeugter Geräusche in Erzeugnissen der Gerätetechnik. Diss. TU Dresden, 1988.

[21] *Herklotz, G.*: Untersuchung und Beeinflussung des Körperschallübertragungsverhaltens gerätetechnischer Erzeugnisse hinsichtlich Lärmminderung. Diss. TU Dresden, 1988.

[22] *Neumann, J.*: Lärmmeßpraxis am Arbeitsplatz und in der Nachbarschaft – Einführung in Schallphysik, Schallmeßtechnik und Schallschutz. 5. Aufl. Ehningen bei Böblingen: expert-verlag, 1989.

[23] *Fasold, W., Kraak, W., Schirmer, W.*: Taschenbuch Akustik. Berlin: Verlag Technik, 1984.

[24] VDI-Richtlinie 3720: Lärmarm Konstruieren. Bl. 1: Allgemeine Grundlagen; Bl. 2: Beispielsammlung; Bl. 3: Systematisches Vorgehen.
VDI-Richtlinie 3727: Schallschutz durch Körperschalldämpfung. Bl. 1: Physikalische Gundlagen und Abschätzverfahren; Bl. 2: Anwendungshinweise. Berlin: Beuth-Verlag.

[25] *Kraak, W.; Weißing, H.*: Schallpegelmeßtechnik. Berlin: Verlag Technik, 1971.

[26] *Föller, D.*: Untersuchung der Anregung von Körperschall in Maschinen und der Möglichkeiten für eine primäre Lärmbekämpfung. Diss. TH Darmstadt, 1972.

[27] *Rauch, M.; Bürger, E.*: Elektromechanische Schaltsysteme. Berlin: Verlag Technik, 1983.

[28] *Berger, F.*: Das Gesetz des Kraftverlaufs beim Stoß. Braunschweig: Verlag Friedrich Vieweg & Sohn, 1924.

[29] *Richter, U.*: Die Messung des Körperschalldämm-Maßes von Stoßstellen bei Anregung diffuser Biegewellenfelder. Diss. TU Dresden, 1969.

[30] *Bernhard, U.; Westphal, R.*: Geräuschminderung an Maschinen und Anlagen. VDI-Zeitschrift 122 (1980), Nr. 7, S. 273.

[31] *Heckl, M.*: Minderung der Körperschallentstehung und Körperschallfort-
     leitung bei Maschinen und Maschinenelementen. In: VDI-Bericht Nr. 239.
     Düsseldorf: VDI-Verlag, 1975.

[32] *Heckl, M.*: Schallabstrahlung von Platten bei punktförmiger Anregung.
     Acustica (Akustische Beihefte) (1959), Nr. 9.

[33] *Gösele, K.*: Berechnung der Luftschallabstrahlung von Maschinen aus ihrem
     Körperschall. In: VDI-Bericht Nr. 135. Düsseldorf: VDI-Verlag, 1969.

[34] *Heckl, M.*: Experimentelle Untersuchungen zur Schalldämmung von Zylin-
     dern. Acustica (Akustische Beihefte) (1958), Nr. 8.

[35] *Bernhard, U.*: Das akustische Verhalten geschichteter Bleche. Diss. Univer-
     sität Hannover, 1982.

[36] *Wandel, R.*: Meßkopf zur Messung mechanischer Impedanzen. Informations-
     schrift des Instituts für Feinwerktechnik der TU Dresden.

[37] *Meltzer, G.*: Messung mechanischer Schwingungen und Stöße. Die Technik
     26 (1971) Nr. 6, S. 397.

[38] Firmenschriften: A.S.T. Angewandte SYSTEM-TECHNIK GmbH, Dresden;
     Microtech Gefell GmbH, Gefell; Lucas CEL Instruments Ltd., Großbritan-
     nien.

[39] Firmenschriften: Metra – Meß- und Frequenztechnik Radebeul GmbH.

[40] *Gösele, R.; Kötter, W.*: Einfluß der Befestigung von Schwingungsaufnehmern
     auf die Meßgenauigkeit. Konstruktion 31 (1979), Nr. 10, S. 393.

[41] *Müller, H. W.; Föller, D.*: Regeln für lärmarme Konstruktionen. Konstruk-
     tion 28 (1976), Nr. 9, S. 333.

[42] *Schmidt, D. P.*: Lärmarm konstruieren. Sicher ist sicher (1976), Nrn. 7 bis
     11.

[43] VDI-Richtlinie 2711: Schallschutz durch Kapselung. Berlin: Beuth-Verlag.

[44] *Fecher, F.*: Abschätzung der Lärmminderung mittels raumakustischer Maß-
     nahmen und Kapseln. Konstruktion 28 (1976), Nr. 9, S. 341.

[45] *Walsdorff, J.*: Verminderung der Schalldämmung von Trennelementen durch
     Schlitze und Löcher. Wärme, Kälte, Schall 12 (1967), Nr. 2, S. 26.

[46] *Krause, W.*: Ökologie aus feinwerktechnischer Sicht. Technische Rundschau
     Bern (1992), Nr. 47, S. 64.

Sachwörterverzeichnis